不是他不爱你，
而是你不懂他

张　华　著

学林出版社

序

　　一直以来都很想专为女性伙伴写本书，一是因为在我所经历的二十多年婚恋家庭心理服务里，主动寻求帮助的客户近八成都是女性；二是因为我们很多女性所面临的问题，大部分同缺乏对男性心理的了解和缺少两性相处的技能有关，都可以用普及教育的模式来解决，所以问题依然大量地发生，觉得有特别多的遗憾！

　　不管你现在是单身，还是婚姻中人，当今社会做女人都很不容易。未婚的，被父母围追堵截；已婚的，维稳是关键；离婚的，在彷徨中……因此，了解男人对我们每一位伙伴来说都特别重要。

　　《不是他不爱你，而是你不懂他》是专为女性伙伴出版的，关于男人的"操作使用"说明书，是爱商系列丛书的女性篇。虽然我作为一个男人，会免不了在男人的视角里看问题，但本书更是立足心理学知识，秉承我一直以来追求的理念——"将心理学以最通俗的语言、最直观的形式、最实用的方式，在工作中运用，在生活中传播！"——创作完成的。

　　本书既有系统简明的两性心理知识，更有大量有趣、可读性强的实践操作案例，还加入了24个可以改进与男性相处的心理训练或心理测验，都是纯纯的心理学干货，可以说是一本融理论与实践、知识与趣味、专业与案例等为一体，操作性极强的大众读物。

　　读完此书，你就能系统地掌握开启男人的钥匙，将对男人的心理了如指掌，再也不会为摸不准男人的心思而犯愁，"征服"只在弹指之间，只要你愿意。我建议女性们，无论为了恋爱、婚姻还是工作、人际，都能细细品读本书；男人们，如果你是为了更好地探索自己，希望更融洽地与爱人相处，我也不反对你"偷看"。

张 华

2018年11月11日

致天下女人的一封必读信

亲爱的女性伙伴：

你好！

很冒昧，我一上来就想先请你思考几个问题：

你找不到男朋友，是工作太忙，身边没有合适的，还是你不懂男人？

你男人不着家，是他太忙，没有时间和精力，还是同你在一起没感觉？

恋爱时都是你说了算，结婚后却因小三小四烦恼，你怎么就被"扭转乾坤"了？

他不主动、不负责，是女人你没魅力，还是你太多付出和担当？

他婚前无话不说，婚后却无话可说，这一切又是为了什么？

亲爱的，别说是因为时间长了，感情淡了。你真正了解他吗？你知道怎么激发他吗？你知道怎么提升自己的魅力吗……

如今社会，女人虽然翻身做了主人，能顶半边天，但从心理层面来说，大多数女人仍然过得比较辛苦。未婚的，发愁；已婚的，发怒；离婚的，发蒙……因此，拥有搞定男人的能力，对你们来说实用无比。

当然有女人或许说，"没关系啊，我是独身主义者！"如果是，那我只能暂且"呵呵"了，因为这毕竟是你的选择，你有权利选择。不过，就算是独身主义者，你至少也要和男性一起工作吧，不可能这辈子都不和男性去接触。

对大多数女人来说，和男性相处都是一种挑战，因为男人是另外一种不同的类型，或者说同我们是不同的"型号"。不了解他们，就会容易导致一些必然的冲突。对，没错，是必然会有的冲突。这是因两个型号之间的差异导致的，但却可能是你一直都不明白和不能接受的。

举个例子说，你买了一个电子产品，如果不知道怎么开机，不懂得从何下手操作，就谈不上怎么开启它的性能，怎么使用和发挥它的功能。所以，它优质也好，高大上也罢，在你手里就是没用的，就是一个废品，你很难使用得很愉快，或者说，顶多是享受它的外在美。

同样的道理，作为女人，在人生当中去找一个喜欢的男人，签一份最重要的合同——婚姻，而且一签就是人生的一辈子，在面对男人的时候，你了解他的性能吗？知道怎么发挥出男人的功能吗？或者说，你有他的"操作手册、使用说明书"吗？

可以想象，如果我们能像研究电子产品一样去研究一个男人，那"使用"起来一定十分顺手，他的功能也就能很好地发挥。一旦学会了，并且花点时间去熟练操作，不管恋爱也好、婚姻也罢，搞定男人自然不在话下。

这里面有很多关键点是需要家喻户晓的。对，我说家喻户晓的意思是说，只要你生活在这个世上，但凡你要和男人接触，就需要了解的必要点。比如《不是他不爱你，而是你不懂他》书中的男人心理实质、男性能力激发、男人习惯解读、外遇应对、女性魅力提升、征服男人话术、冲突分歧化解等板块内容。

需要特别提醒的是，因为本书更多在以递进的方式全面呈现男人心理，所以大家最好按照前后次序来阅读。

此致
　　敬礼！

祝天下女人：
身心健康、平静，更绽放自己！
家庭幸福、和睦，更有温度！
做人有钱、有爱，更有趣！

张　华

2018年11月11日

CONTENTS　目录

第一篇 排忧解"男"

▲ 1. 不懂男人的思维频道，注定会吵架

▲ 2. 跳出自己的思维频道，女人才会少生气

▲ 3. 按准性能按钮，才能真正开启男人

第三篇 知"男"而进

插图：胡可

第一篇

排忧解"男"

知道了思维频道，两人说话才能到一个频段里，才不至于鸡对鸭讲；懂得了性能指标，才能掌握男人的功能按钮，激活男人，让男人更有男人样。

📁 不懂男人的思维频道，注定会吵架

📁 跳出自己的思维频道，女人才会少生气

📁 按准性能按钮，才能真正开启男人

📁 男人不男人，原来女人有责任

📁 最恐怖的"习得性无助"

1. 不懂男人的思维频道,注定会吵架

两例"莫名其妙"的男女冲突

场景一

作为女人,我们有时候会去问男人"我美吗?"或者说,一个男人某天心情大好,嘴很勤快地跟自己的女人说"你真美!"

这情景下,你猜,接下来会发生什么?

多半会以吵架收场!

为什么呢?

因为这个时候不管是女人主动问,还是男人主动说的,如果男人说"不美",你定然不开心;当男人说"美"时,女人通常紧接着问:

"哪儿美?"

男人就会说:"哪儿都美!"

女人:"那不行,你必须说说看,我到底哪儿美,你说真话。"

男人:"真的哪儿都美啊。"

女人:"不行,你必须告诉我到底哪儿美,你仔细看看。"

男人:"我都跟你说了,真的哪儿都美。"

(这就开始吵了)

女人:"你,你不好好说,你根本不觉得我美!让你说你都说不出来哪里美!"

女人自己也搞不明白,为什么明明是夸自己的一句话,却怎么就变成了争吵;男人其实更郁闷,自己不开口说不好,开口说了到头来却也是怎么说都错!

场景二

作为女人，我们经常会盯着男朋友，或者盯着老公问："你爱我吗？"

男人通常会说："爱！"

过了十分钟或半小时……女的又会跑过去问："你，到底爱不爱我？"

男的说："我真的爱。"

又过了1小时或1天的，女的又跑过去问："你，真的爱我吗？"

男的这个时候就开始不耐烦了，说："烦死了烦死了，我跟你说过爱你就爱你，哪天不爱你，我会提前通知你的，你别再烦我了！"

这时女人就搞不明白了，心里想："你口口声声说爱我，我怎么就感觉不到呢？为什么让你多说一遍爱我，你那么不耐烦呢？"

这时男人也很郁闷："爱为什么一遍一遍地要告诉你，已经说过了爱你，怎么还是错了，这么不相信？"

"你看，上个月我还帮你家弟弟做装修呢，这个月我还请你好几个姐妹儿吃饭，前天我还给你还了信用卡，怎么还不相信我是爱你的呢？"

这种现象在生活中，其实一点都不会少见。为什么会这样？我这里是想借这两个例子来说明，男人和女人的思维频道是不同的。

从男人的思维频道解读男人

在我们女人的思维频道中，谈事情、看问题，进行各种交流对话时，我们是以一种具体的、直观的和感性的思维方式来谈、来进行的；而男性的思维是以抽象的、逻辑的和理性的方式来开展的。

在第一个例子中，女人问"我美吗？"男人既然说"美"，"美"只是一个很抽象的词语而已，我们女人其实心里特别期望，这个男人要"具体"告诉自己"哪儿"美，这是女性思维的"具体性"使然。所以，女人会因为这

男女思维频道的差异

个问题,一定要问到底,到底"哪儿"美?"怎么个"美法?

而男性不知道他的思维是"抽象性"的,在说"美"时就是美啊,就是很美非常美啊!"美"是一个词,是一个抽象的概念,是男人自己的思维方式!

第二个例子中,女的问"你爱我吗?"这个爱,同样是要以一种"直观的"方式、"感性的"东西来知道、来确认。

或许你问男人这个话的时候,男人过去抱抱你,你就会感觉"哇~你很爱我"因为自己能真真实实地感觉到。这很直接,很直观!

但男人不觉得啊,男人认为"我爱你",他可以通过无微不至的关心,百般的呵护,细微的照顾……来完成。但大家会发现这些词很抽象:"百般的呵护""细微的照顾"是什么?

女人心里会觉得"你爱我，那给我买房子了吗？"

男："没有。"

女："没买房不要紧，给钞票？"

男：……

女："钞票也没有，给车子？"

（看看，多具体啊。给房子，给车子，或者直接给钱，这就是"具体的"表现形式啊。）

（都没给？）

"都没给也没关系啊，给我买个包包？"

（也没有。）

"送我礼物了吗？"

（也没有。）

"那鲜花总行了吧，也不贵。"

（也没有。）

"看吧，我看得到的这些东西都看不到，什么房子、车子、钞票，都看不到不要紧。那你让我感觉到也行啊，比如说你经常抱抱我，亲亲我，这很直观啊。"

（这些也都没有！）

"那你就说几句你爱我，让我听到声音总行吧！"

"声音让我听到，动听一点。告诉我你爱我！"

这个话，女人就觉得很直接，很直观，很感性，这就是女性。

因为男人和女人的不同，我们很多时候就容易责怪男人："为什么你不做这些？""不做也就罢了，为什么你连说也不说呢？"

男人的意思是说，通过帮你弟弟装修、请你姐妹儿吃饭、帮你还信用卡等几件事，不就可以逻辑推理般地证明"我是爱你的！这还用说？"

　　男性他也没有错，他的思维频道就是以抽象的、逻辑的、理性的模式开展的，这是性别差异所致。你们之间的不同，你们之间的争吵，仅仅是因为在不同频道里在说话。

　　如果我们女性了解男人这个思维频道和我们不同，就会在遇到此类冲突时增加很多理解和宽容；如果再懂得去运用这些，那两个人之间争吵冲突必然会减少很多。

关系改造训练1

——表达和沟通的开启训练

请在未来一周以内，择机对心爱的男人做这样一段表达——

亲爱的，很抱歉，之前的我一直很不了解男人，一直在用我以为的方式爱着你和要求着你！当我了解到男女思维模式的不同时，我发现你其实是很爱我的：

1. 你曾经为了我＿＿＿＿＿＿（描述他曾经为你做过的某事）；
2. 你曾经帮助我＿＿＿＿＿＿（描述他曾经帮你做过的某事）；
3. 你曾经给予我＿＿＿＿＿＿（描述他曾经给予你的某种恩惠）。
   ……

所以，充分证明你是爱我的。

只是因为我们思维模式的不同，过去我总想你给我要一些有形的，看得见、摸得着的东西来证明你对我的爱，其实这只是因为性别差异所造成的。

2. 跳出自己的思维频道, 女人才会少生气

只懂得男女思维不在一个频道上还不够, 还需要我们去做好应用, 去充分地实践到生活中去, 这样不但能更愉快地与男人互动, 而且也减少自己生气的机会。

一个高爱商男人的"高明"

我有一个男性好朋友, 他的爱商特别高, 生活中总能把老婆哄得开开心心的。伙伴们一起在外边挣到钱, 就老看到他往银行跑, 大家就嘲笑他赶不上时代, 年纪又不大, 为啥不直接使用移动互联网做金融操作?

原来他每次在外边做什么事儿, 比如挣到几万块钱, 他都会交给老婆。要说现在给谁钱, 不管网上转账还是移动支付, 实在太方便了, 我想大多数男人也都会这样做, 省时省力。不过他从不这样, 他说这样做女人没感觉:

> "今天你转给了她两万或者三万, 她一看那么多钱很兴奋, 指着手指头来数数后边有几个'0'。可是你一次转、两次转、三次转, 多次以后, 你会发现女人她就一点感觉都没有了。我们男人兴冲冲地给她说'你看我今天挣了20 000、30 000', 然后习惯性地转给她一堆数字, 女人她没有概念啊, 因为那只是一个数字而已, 数字是最逻辑性的东西。"

他很兴奋地接着说:

> "所以, 我宁可把这个钱跑到银行取出来, 费点儿事, 两叠一百的,

拿回家给她。这女人在家里一张一张地数啊，一张，两张，三张……数得特别有感觉，一边数还一边很兴奋地脸上笑开了花儿。"

"我有时候，甚至会让银行直接把100的换成50的，让她数的时间更长。这个非常直观，非常生动，她感觉也特别好！而且，我从不会把挣到的一次性全部拿出来，比如三万块只拿回来一万块，或者分三次给她，这样她时不时地会感觉特别好。"

"还有的时候，钱我就不给她了，特意跑到某个店里买束花或小礼物什么的，花个三百两百的。"

这个时候我虽然看到这个朋友一脸的奸笑，却也心理充满"敬佩"，高，实在是高！比我们大多数男人都更懂得生活的奥妙。掌握了男女思维频道的不同，两性可以爱得更自如，会少去很多的辛苦！

在男人的频道里相处

前边我们谈了女人的思维频道是以具体、直观和感性的方式思考和解读问题、看待事情，而男性的思维模式是以抽象、逻辑和理性的方式进行这些。作为女性，如果我们不能理解和应用好男性思维频道同我们的不同，就容易产生各种冲突，甚至大的争吵。

一个男人在单位里和老板吵架，他回来了，如果不得不把这个故事讲给自己的女朋友或者老婆，他会这样讲：

"我今天在单位里跟老板吵架了，吵得还蛮凶的，那后来呢，被同事们给劝开了。"他讲完了。

作为女性，可能你会放下手中的活儿不做了，想过来安慰他，瞪着眼睛，竖起耳朵，甚至搬来小凳子嗑着瓜子，想继续往下听。可这个男人似乎已经讲完了。

作为女性你或许会问:"那后来呢?"

男人说:"后来? 我讲完了啊,后来就是不吵了啊,然后就结束了啊。"

女人很期待的八卦似乎没有出现:"哎,你讲啊,你怎么不说了?"

男人:"讲完了呀,还说什么?"

你可能会觉得他是不是懒得跟我讲啊? 不想告诉我? 他是不是根本不在乎讲给我这个事儿啊?

然后说不定还因此再吵起架来了,男人会觉得:"你这不是火上浇油吗?"

因为我们女人是在用自己的思维频道工作,在用女人的方式思考这个问题。在女人遇到这种事时,描述的方式会非常不同,会给男人说:

> "我今天在单位里跟老板吵起来了,哎哟,你都不知道哦,这个老板吵架有多凶哦。瞪个眼睛,瞪得像牛眼一样,当时老板吵的时候,声音也可洪亮了,比我现在说话的声音要大一倍两倍,而且一边说还一边拍着桌子,卷起袖管,还得跺着地板,仿佛要打我一样,幸亏我是个女的,不然他就要打我了!"

你一边说牛眼,还一边用手做出一个形状,说:"这么大!"

你看女人你描述得是栩栩如生,生动得不行,仿佛那个吵架的场景就呈现在这里一样。因此,在他遇到这种事的时候,你也理所当然地期待、希望男人描述也是这样一种方式,在这样一个思维频道里。

让男人知道你频道里的需要

女人的思维因为很直观感性,很多时候会用感情去关注身边的人。比如我们看到别人哭了，通常又是拉着别人的手，又去递纸巾，又是给别人直接去擦眼泪，甚至一些拥抱……所以女人会渴望男人用这种方式来对自己。

但男人就不是啊，男人思维逻辑性很强，他们对事物的看法往往会比较冷静，也容易用思考和分析的方式去进行，令大多数女人都很难接受。男人看到你哭了，看到你伤心，可能只是说："没事儿，事情都过去了。"然后再给你一堆逻辑的推理、解释、分析。他们是会比女人更擅长分析问题，也会更加显得"无情"。

知道男女思维频道这个差异了，就要注重应用它。

比方说，我们渴望从男性那里得到一种赞美，说美，说漂亮，你要的不是男人应付你的一句话，更不是一个抽象的词，而是一种"看得见""听得见""摸得着"的实实在在，很具体直观，大小不重要，重要的是你能从这里边感受到爱。

你是一个很美、很漂亮的人，作为女性思维，你所需要的是对方告诉你："你的眼睛很大，圆圆的，很有神；或者，你今天的发型特别适合你的脸型；或者，你今天的着装搭配得特别地符合你的气质"……这样你就感觉到：哇~你说的真的是好真实哦，你说的好直接好直观哦！

当然，男人毕竟是男人，你了解了这是女性的思维模式，也需要尽量提醒自己不要过多要求男性用这种方式来跟你对话。因为他是男人，我们也要谅解他不能用女性很"具体的"方式。如果你只是沉浸在这样的要求里，大概率希望会落空，进而会转化成你的生气、愤怒。

作为女人，你不要总期待他先去表达，有时候女人需要引导男人，他才能够表达出来，你大可以直接告诉男人：

　　"或许我这样说你会感觉我很作，甚至感到我有些不可理喻，对不起老公！其实我知道你很爱我，只是作为女人，我误会了你们男人爱的方式可能和我们有些不同。

其实，老公我并不是故意挑剔或天天缠着你找事，只是有时即便你没买什么礼物，如果我听到了你温柔地说爱我，我也会感觉特别幸福，感受到我最爱的你还在真实地爱着我！所以，我很希望你不但能在心里爱着我，也能直接告诉我这样的话语！谢谢！"

你也可以委婉地说："你如果爱我，我希望你能够多抱抱我；如果你爱我，我希望你能够买一些花来哄哄我。或者，你给我买一样礼物，从这个礼物当中，我感觉到你更多的爱。"

这样一来，你就可以化很多被动为主动，而不是充满着责怪和抱怨，那会导致一个很悲催、很辛苦的结局。反过来，不管对单身还是已婚女士来说，你也可以想明白，并不是这个男人没有说出"我爱你"，没经常送你东西，就一定是不爱你。

关系改造训练2

——爱的感受形式训练

罗列清单，自己最希望的爱的感受形式：(请勾选或具体写出)

一、物质方面

☐ 钱财   ☐ 首饰   ☐ 服饰   ☐ 鲜花

☐ 奢侈品   ☐ 化妆品   ☐ 小零食   ☐ 车子

☐ 房子

☐ 其他 _____ (请具体列出)

二、精神方面

☐ 陪伴   ☐ 倾听   ☐ 理解   ☐ 欣赏

☐ 支持   ☐ 肢体的互动

☐ 其他 _____ (请具体列出)

就以上所罗列清单，与男人讨论、分享。

3. 按准性能按钮,才能真正开启男人

男人的关键"性能"按钮

你买了一个电子产品,但如果不知道怎么开机,不懂得从何下手操作,就谈不上怎么开启它的性能,怎么使用和发挥它的功能。所以,它优质也好,高大上也罢,在手里就是没用的,就是一个废品,你很难使用得很愉快,或者说,顶多是享受它的外在美。

女人找了一个喜欢的男人,可能要面对他一辈子,你了解他的性能吗?知道怎么发挥出他的功能吗?或者说,你有他的"使用手册"、"使用说明书"吗?

如果我们能像研究一个电子产品一样去研究男人,知道了性能指标,掌握了男人的功能按钮,那"使用"起来一定十分顺手,激活男人的种种行为,他的功能也就能很好地发挥。男人也会更加有男人样,更愿意为你去做一些事。

那,男人最需要开启的性能是什么呢?也就是说,男人最大的内在需求到底是什么呢?

其实男人之所以是男人,不仅是因为他长着男人的身体,很多人长着男人的身体,却柔性十足,娇嫩娘气的。男人之所以是男人,是在生活中不断地被性别角色社会化的结果,反过来这种角色又在社会中承担着对应的责任。

男人终其一生都在展现"能力",发挥"能力"

所以,让男人更为男人就要满足最大的一种需求——"能力"被展现和发挥。

从进化心理学的角度来看，自从人类开始有了分工之后，两性就分化出了不同的兴趣爱好和专长。在漫长的石器时代，男人的天职是去捕猎，女人的天职是照顾家人和哺育后代。

于是男人发展一切同捕猎相关的特质，要求男人要有力量，要求男人更强大，各种远掷远投能力，而石器时代的狩猎所依靠的正是这种"能力"。男人之间喜欢竞技、比赛，即便到了当今社会，男人们仍旧喜欢组队打网络游戏，一起去杀老怪，这不就是狩猎的一种模拟吗？没人要求女人去狩猎，所以我们女人对这些娱乐活动一般是兴趣缺乏。

男人需要"能力"被满足

从成长发展的角度说，生活塑造了一个男人的社会角色，而反过来，他从小到大是怎么成长过来的，从这个角色塑造的过程里，能够反过来证明男人最大的内在需求是什么，最大的性能是什么。

那么，从小男孩到大男人是怎么成长的呢？

儿童成长的主要"社会活动"就是儿童游戏，我们看孩子们所玩的游戏类型，就能知道孩子在发展什么样的特质。

小男孩玩什么游戏长大？小时候男孩玩的游戏总是一样的，诸如带兵打仗，有的扮演将军，有的扮演士兵，一方归另一方管；有的扮演警察，有的扮演流氓，一方被另一方捉；有的扮演老鹰，有的扮演小鸡，一方被另一方抓……

我们很容易发现所有的游戏当中，总是体现一样东西——我强，你弱，我比你厉害。

所以，男人总是处在一种竞争当中，遇到事情充满着对抗，一决雌雄才罢休。这样的儿时游戏让男人体现他的力量，或者在展现效率，呈现某种成就。说白了，都是对"能力"的一种最大证明。

因此，"能力"这种需求的满足，是男人的最大性能点所在，是男人倾其一生所追求的！但凡所有能让男人感觉好的，都是让他感觉有"能力"发挥的方面。

开启男人的奥秘

我们女人总是很难理解，为什么男人遇到事了，总要分个高下才收手？归根结底，都是因为男人在乎"能力"需求的满足这个性能指标！但凡让男人感觉不好，男人最不想要或者最不能接受的东西，都是那些会让他感觉没有"能力"或者"被挫伤"的方面。

因此，男人最讨厌两个字——挫败。

难怪现实中，男人最终不得已说分手、说离婚的时候，他们多半都会说：

"唉，实在撑不住了，实在不行了，我真的已经很努力、很努力地做了！可是不管我怎么做，似乎她都很不满意，我实在感觉太挫败了！太累了！"

男人越是感到被需要和被依赖的时候，反而会变得强大，更有力量和价值，因为他觉得自己是有用的。相反，一个女人越是不需要他、不需要他的爱的时候，他几乎像在慢性死亡中。

所以，很多男人的共同感觉是，如果自己的女人不需要自己，在这个女人面前没有用，那就是一个活死人。

男人一生中是那么的崇尚力量、能力、效率、成就，所以我们作为女人，能让男人感觉有能力就特别重要。也就是说，对男人来说，能让他们感觉有"能力"，就是启动了他们最重要的性能按钮，这便是开启男人的奥秘所在。

我们不妨看看现实生活中，女汉子和女狐狸精最大的区别是什么？

女汉子特别能干，自己很能干，所以会让身边的人感觉不被需要，有挫败感；而狐狸精呢？一般她们表现得娇里娇气，自己什么都不能干，很需要别人的帮助，但是发现她们身边总是围满男人，因为她让男人们感觉总是被需要的，很有能力的，很能干的。

所以，我们和一个男性去相处的时候，如果懂得去启动男性这样一个最基本的性能按钮，那么男人将会全面开启他整个的功能——为别人负责的功能，担当的功能，会越来越能干，越来越行，不管是在外边、在家里还是在卧室。

关系改造训练3

——男人的"能力"评估训练

你觉得你心爱的男人有能力吗？请写下他在你心中比较"能干"的表现：

　　1.他是一个（诸如有担当，能挣钱，性能力强……）的人，比如（举出具体依据）记得我们出去旅游，他身上背了4个包，都不舍得让我和孩子受累拿着；

　　2.他是一个_____的人，比如（举出具体依据）_____；

　　3.他是一个_____的人，比如（举出具体依据）_____。

把以上所描述的表现，反馈表达给男人。

4. 男人不男人，原来女人有责任

一种神奇的男性激素

特别能够成就男士，而且让男人有男人感觉的东西，是他们体内的雄性激素，而在这些激素当中比较重要的一种叫睾酮——一种神奇的男性激素。

睾酮的结构图

睾酮是由男性的睾丸或女性的卵巢分泌，说它神奇是因为它会让男性很Man，女性很坚强。普遍来说男性体内的睾酮含量都约是女性的10倍左右。它具有维持肌肉强度及质量、维持骨质密度及强度、提神及提升体能等作用。

睾酮的含量高，会强化一个人的心脏功能，增强免疫力，也会增加雄性方面的行为能力。一个男人，他惯常中的好动性，敢不敢去冒险，能不能变得很强壮，很勇敢……这样一些男子汉的特征，多是取决于他体内睾酮的含量。

所以，睾酮是非常让人在外有担当，在家负责任，在卧室很厉害的一种物质。因此，我想所有的男人都希望自己体内的睾酮含量保持很高的一个标准，保持很高的一个量，当然这也是他们女人所希望的。

说到这里，很多伙伴一定会很急切地说，如果我老公、我男朋友体内的睾酮含量高一点，那不是更男人吗？怎样能让他睾酮含量高呢？

我告诉你一个办法：睾酮，它的分子式与一种物质很相似，就是一种药，叫壮阳药，比如伟哥之类的。那意思就是说，吃壮阳药可以增加体内的睾酮含量。怪不得吃了之后，各种雄风展现，男人味十足。但这个不是好办法，因为这个没办法经常吃，吃多了身体容易搞坏，也非常不健康。

那怎么样不吃药，也能增加体内的睾酮量，让男人很男人呢？有办法，这里我们先看一看，睾酮是怎么产生的。

大家都知道，男人喜欢一些竞技类的东西，比如去飙车、去攀高、踢球。不管是力量类还是速度类，每次他去做这种竞争胜利了，当男人感觉自己强有力的时候，感觉自己能力得到体现的时候，他体内的睾酮含量就会上升。也就是说每当男人感觉很好、很有能力的时候，他体内的睾酮含量就会上升。

今天他在外边获得了成就，感觉自己很厉害——睾酮含量提高；改天他给别人出了个主意，别人很接受很认可——睾酮含量提高；他做了个投资，成功了，赚了一大笔钱——睾酮含量提高；他在孩子面前是一个好父亲，孩子大拇指竖起来，认同我这个父亲——睾酮含量提高……

所以每一次，男人被认可，被接受，感觉到能力被证明，他体内的睾酮含量就会不断地得到一种提升。所以不管是人际顺利，还是事业有成，家庭美满，都会增加他的睾酮含量。

当然反过来，我们看到很多男人，虽然事业上很有成就，可是总是被太太批评、数落，这不好那不好，不如隔壁的老王，你会发现他们的睾酮迅速下降，头耷拉着都不想抬起；在外边能呼风唤雨的人士，回到家里了一看，菜叶子满地脏兮兮的，被子也没叠，小孩趴在地上哭……哇，整个人感觉挫败不堪，会瞬间精气神没了，睾酮下降。

维持男人力的秘密武器

知道吗，一个人随着年龄的增长，到了一定阶段，慢慢地他体内的睾酮含量就会降低，尤其到老了的时候，睾酮含量会下降得厉害！所以，你会发现老人走起路来，精气神上就少了很多。当然这不代表着说，男人越老身体内的睾酮含量一定低。

像我有一个朋友，已退休三年有余，我每一次看到他都觉得活力十足，走起路来精神抖擞，不管是春夏秋冬，一年四季都西装革履，标配着黑西装、白衬衣、黑领带，头发也是梳得一根一根的，虽然也没有几根了。

有一天，我问他："我很好奇，你为什么那么有精神？你看很多老年人，都没你那么走路铿锵有力的，你怎么做到的？"

他跟我说："不瞒你说，我们退休之前，岗位挺好的，也非常有分量，所以和我一块退休的那些老干部啊，退休不到两年，蔫的蔫掉了，萎的萎掉了，甚至有的人都已经过世了，但你看我，精神头不错吧。

为什么呢？这得益于我现在的'工作'！因为我以前从事的是语言类的工作，在我退休之前，偶然的机会接触到了心理学、婚姻咨询这类的学科。我发现以前从事的工作优势可以用到这个行业上，而且不用很刻意，也不累，还能发挥余热帮助人，挺开心的。退休了，我仿佛又找到了第二职业、找到了第二春，我现在觉得自己挺有价值，挺有用。所以你看我每天都充满激情地在投入这样一个生活中。"

所以他又感觉到自己很有价值了。你会发现当一个人感觉自己很有用，很有"能力"，并且这能力得到体现的时候，他的睾酮含量就会提高。

这位老先生后来还和我说："不瞒你说，我现在性生活啊，还都行。"

哇～一个人"能力"得到认可了，睾酮含量提高了，看来这力量真的是无穷大。

一位专门从事内分泌研究的专家发现，对于成年人，如果3个月都没有发生性行为，那将是一件极不正常的现象，人体内的睾酮水平会急剧下降到几乎接近儿童的水平。可能性行为本身也是能力的一种强大证明和认可吧，反过来再促进更多的睾酮分泌。

所以我们作为女人，可以让男人更好的，因为我们可以通过各种方式给到男人"能力"的体现，可以让男人变得更男人，可以让他行他就行，不行也行。男人本身从来不是怕干活怕受累，他们越是被别人需要，越会觉得自己作用很多，很有能力。

男人最怕的是自己没用，更怕你觉得他没用。怕你数落他，抱怨他，拿他和别人比较，这样显得他更加没用，他为此会挫败不堪，难过不已。

也因此，现实中能干的女人面前男人总会很弱，至少会显得很弱。因为强的女人总是衬托得男人挺没有用，反过来还抱怨：

> "哎哟，不是我非要能干，是这个男人没用，才把我逼成现在这个样子，什么都做。"

我们不妨思考一下，到底是男人"没用"，女人才越来越"能干"；还是女人很"能干"，男人才越来越"没用"；又或者说是说女人因为嫌弃男人不"能干"，男人才越来越没用呢？

我想这一定是一个很有吸引力的恶性循环。那就是说，在一定程度上来说，有一部分女人是在亲手造就这样一个没用的男人？男人不男人，原来女人有责任！

男人的性自尊需要呵护

对男人而言，性活动不仅仅具有生物学上个体繁衍意义，更是男人"能力"的象征，是男人自尊的重要支撑，具有重要的社会心理意义。而且，不只性活动，性器官乃至第二性征都是男性自尊、自信的重要来源。说到底，性及其相关方面，都是男人非常在意的东西。

性自尊，也就是男人对自己性及其相关方面的态度、看法和评价，构成了男性人格的重要内容。性自尊的高低常常影响一个人的性行为，低性自尊也成为许多性行为异常或性心理障碍的常见心理根源，从阳痿、早泄到许多性变态，如露阴癖、窥阴癖、恋物癖等，都与较低的性自尊有关。

性自尊高的男性比自卑者更外向、更自信，更具有进取性，同时也更能意识到自己的性要求和性感受，他们很少会遭遇来自性方面的困扰，而且往往能与性伴侣建立起一个更和谐美好的性关系，对自己的个性、身份和自尊更有信心。

相反，性自卑者从不为自己的价值感到骄傲，也不对自己的身体感到满意，他们甚至从来不愿意在伴侣面前更衣，更别提裸体，除非关了灯。而且，他们在性爱过程中，较少关注自己的愉悦感，在为对方提供乐趣之时会不停地询问对方："你觉得好了没有？"或"这样行吗？"不断检验自己是否能让对方满意或得到对方的认可。

男性的过低自信和自尊会导致他们容易从伴侣那里得到负面的反馈，甚至仅仅女性的一句戏言就可能打碎他们脆弱的性兴致和性能力，而导致突然的勃起消失或遭遇早泄，而且很容易就此恶性循环，连续遭受性挫折，难于体验到性满足。

同时，性自尊感低的男人在遇到性挫折时也很脆弱，很容易沮丧、挫败，因为他们重视性关系的成功建立。

　　调查显示，遭遇性挫折的个体，都会有意无意地通过非性方面的成就来提高和代偿他们的自尊，比如获得事业上的成就，以此作为自尊的动力来源。当然，也有遭遇性挫折的低自尊个体会转而采用异常的性行为模式来获取性满足，成为性变态者。

　　调查曾表明，美国离婚男子中有80%的人认为离婚后他们对工作的献身精神增强了，尽管离异带来身心创伤，但也给这些人提供了更多的时间和精力投入工作，待在家里的时间减少了，投入工作的机动性则更强了。

　　总之，自古以来，男人被赋予了伟岸的形象，他们好像高山一样巍然耸立，永不言败。其实男人也有脆弱的一面，需要得到社会、他人的认可和尊重，尤其是在性方面，这是他们"能力"的最本性证明，他们渴望女人的"宠爱"。

　　我们不禁感慨，女人对男人来说真的可以"让他行他就行，不行也行；说不行就不行，行也不行!"在性方面，男人行不行，原来女人也"责任"重大!

　　因此，作为女人，呵护好自己男人的性自尊，相信他是一个正常的人，既非性超人，也非性无能，可以逐步帮助男人树立更强大的自信。

关系改造训练4
——性爱话题的沟通能力训练

性爱是天然的万能药，可谈性色变的难以交流影响了很多亲密伴侣的性生活质量。为了和谐的性福生活，我们要练习张口对亲密爱人谈性说爱的能力。

可以直接或者间接借助一些影视作品来进入讨论，例如：

"哪一种方式会让你感觉更好？"

"什么样的方式是最吸引你的？"

"什么是你感觉到最兴奋/自由的时刻？"

"我喜欢/不喜欢这样的……"

可以明确用语言提出或拒绝要求。尽管很多人会通过身体行动来向对方提出要求，但是直接语言的沟通有时候也会制造出别样的浪漫气氛。

当你想要了，可以直接问对方："今晚会有亲密的时间吗？"

当你自己觉得并不想要时，拒绝一定要注意说话的态度和方式，比如说："我现在还不在最好的状态，因为＿＿＿＿＿＿＿＿＿＿（理由），不如＿＿＿＿＿＿＿＿＿＿（建议）。"

5. 最恐怖的"习得性无助"

一个"能干"女人的自述

在一次课堂上，当我讲到男性性能指标按钮这个话题的时候，一个女性企业家抑制不住激动，猛地站出来要发言。

她和老公同是企业家，两人合开了一家公司，老公在公司里给她做副手。俩人的矛盾从公司斗争到家里，无奈之下她寻求我的个体咨询帮助。聊了一次后，我发现他们之间并没有太大的问题，冲突的关键就出在她不懂男人的"性能"这个点上，于是我建议她来听一听我一个公开课程。

课上她自述了她近期发生的一件事，原话是这样说的：

> 大概就在几个星期前，家里的环境布置我想做个重新的规划，虽然我属于女汉子类型的，但是这些我肯定是做不了的，因为重新布置家里要搬家具，有一天我老公因为回来得晚，我就把我们阿姨一家都叫来了帮忙。
>
> 然后等老公回到家，我就跟他说："老公，你看我把家里重新整了一下，你看多整齐！这里面包括搬床，搬橱，搬所有的柜子全部都弄好了，就四个人一起做的，把整个家里都换了一遍。"完了我老公就生气了，当天晚上就离家出走，走之前还跟我说了一句："恢复原状！"（笑）
>
> 我就蒙了，我觉得这是最佳方案，为什么要恢复原状呢？然后也就没做什么。
>
> 有一天晚上憋不住了，我就说："那你有新方案吗？你要是有新方案的话，我们就直接从A到B嘛，也不要回复原状了嘛。对吧？"

他说："新方案我没有想好，但是我就要恢复原状。"

当天晚上他一个人几乎要忙到通宵，包括搬床，搬橱，搬所有的柜子，他把所有的东西恢复原状了。（惊）

过了几天以后，我们俩缓和一点了，我就说："老公呀，新方案等你出。"

然后我就在他面前苦苦思索，就在那画啊弄啊，怎么说我也尝试一下。他就说："你别想了，我已经想好了。"

随后啪一丢，就出了一个方案，我一看，跟我原来那个差不多，但那是他想的。我就吸取教训，说："好，老公你累了，我回头让阿姨过来按你说的重新搬重新布置。"

"其实新方案的事就是今天早上发生的，我就发觉他这么折腾，他就是要满足自己内心这么个需要——能力，我明白了呀！"

自设樊篱的"习得性无助"

有人说"能干"的女人在婚姻中不容易幸福，我并不认同这个观点。那只能说你这个女人还不是真"能干"。你只是看似抢了风头，占了上风，却把他在你光环的笼罩下衬托得一无是处，这样环境下相处的男人，很容易消极地面对生活，进入"习得性无助"的状态。

"习得性无助"是美国心理学家塞利格曼提出的一个专有概念，是指因为受到重复的失败或惩罚而造成的听任摆布的行为。一种对现实的无望和无可奈何的行为、心理状态。

塞利格曼用狗作了一项经典实验，他把狗关在笼子里，只要蜂音器一响，就给狗施加难以忍受的电击。狗关在笼子里逃避不了电击，于是在笼子里狂奔，屎滚尿流，惊恐哀叫。多次实验后，蜂音器一响，狗就趴在地上，惊恐哀叫，也不狂奔了。

后来实验者在给电击前，把笼子的门打开，会发现此时狗不但不逃，而且还没等电击出现，就倒地呻吟和颤抖。它本来可以主动逃避，关狗的这个笼子的门是开着的，但狗却绝望地等待痛苦的来临，这就是习得性无助。

为什么狗会这样，连"狂奔，屎滚尿流，惊恐哀叫"这些本能都没有了呢？因为它们已经知道，那些是无用的。

在对人类的观察实验中，心理学家也得到了与习得性无助类似的结果。正像实验中那条绝望的狗一样，如果一个人总是在一项事情上挫败，他就会放弃努力，甚至还会因此对自身产生怀疑，觉得自己"这也不行，那也不行"，无可救药。

事实上，此时此刻并一定是"真的不行"，而是陷入了"习得性无助"的心理状态中，这种心理让人自设樊篱，把失败的原因归结为自身不可改变的因素，放弃继续尝试的勇气和信心。

关系改造训练5

——积极思维模式转换训练

练习化解消极的思维模式，转换心态，积极行动。

消极的人，本身就陷在习得性无助的怪圈中，越消极越无助，越无助越消极。归结原因，那只是因为你是消极的人，同样状态发生，积极的人则会是完全不同的面对方式。

消 极 的 人	积 极 的 人
凑合着过	努力经营
我命不好	我要通过提升自己改变家庭
我找错人了	我错在哪儿了
要是我再年轻一点	我还很年轻
我的文化程度不高	我会不断学习
要是我老公（老婆）是……	幸福要靠自己去争取
平平安安就是一切	不断进取才是一切
别去冒风险	要学会管理风险
我对未来不抱多大希望	坚持才有希望
家人并不理解我	我要多沟通让家人理解我
我说了多少遍他都不改	我要掌握说话的艺术
他总惹我生气	我也要继续提升修养
我要不断地挣钱（我要追钱）	我要不断升值（钱会追我）
我年龄大了不想变了	我必须更新自己
这是一个让我感觉不安的家	这是一个充满希望的家

第二篇
"男"言之隐

有人说男人爱指指点点，有人说男人遇事总拖拉回避，有人说男人相处久了就喜欢沉默不语，有人说男人都好色……

殊不知，这一切背后隐藏着属于男人特有的秘密！

- 难怪男人那么爱"指点江山"
- 难怪女人喜欢"激扬文字"
- 男人的沉默和回避是"暗度陈仓"
- 女人需要防护男人的"姨妈期"
- 男人都"好色"，是"下半身动物"

1. 难怪男人那么爱"指点江山"

男人最大的需求就是"能力"被充分满足，它是男人倾其一生所追求的。也就是说这是男人最大的性能按钮，一旦你开启了这种按钮，男人就会无所不能，战无不胜，很愿意去做出自己的贡献。

男人"性能"的自我开启方式

那么问题来了，男性这个物种是靠什么东西来满足这种"能力"的需求呢？

我们做个实验，一个女性，假如你现在发个信息给你身边关系比较近的男性，你问他："你在干吗？"

不管他回得是快还是慢，你会发现，大多数男人的回话里，内容都基本类似：

"我在做……你找我有什么事？"或者说"你有什么需要我帮助的？"

当然，或许你听上去也很开心，你看他愿意帮我忙；也或许你心里会暗骂："不解风情的男人，找你当然是想你了，多说几句温暖的话会死啊！"

经过总结你会发现，男人回的信息里有一种共同的规律：我可以帮你做些什么？你找我一定是需要我帮忙，需要我来解决问题。

现实生活中，不论你是发信息，还是当面给男性描述一个什么事，讲一个什么例子，你会感觉到这个男人很快就会从你讲话当中发现一些迹象，要么发现一些问题告诉你，要么给你提供一些解决的方案。

所以，发现问题，解决问题，是男人用来满足自己"能力"的一种最基本的方式，而且是一种自我满足的方式。也就说，这塑造了男性一种天然的开启自己"性能"指标的方式，就是为别人"解决问题"。

男人通过发现问题、解决问题，寻求答案中得到乐趣，得到一种成就感。我们女性会很难理解，"为什么我一跟你说话，你总要帮我提供解决方案？我跟你聊天不一定是为了解决问题"，甚至大多数时候都不是为了解决问题而来，"我只是想给你交流一下"，表达一下我们彼此的关心，或者我就是想宣泄一下情绪而已。

但是男人的大脑似乎被设定为了解决问题的模式，男人以为"你找我，不就是为了让我为你解决无数个难题吗？""这不就是你自己烦恼的根源吗？解决了你就不烦了吗？我是在帮你呀！"

所以遇到事情了，男人总是对事情本身很感兴趣，什么你的心情，你的感受，那些有什么关系呢！除非，这事情里出现了美女。而女人更喜欢的是去找人倾诉，进行交流，这个我们在后边谈女人的"性能"指标时我会详细讲解。

比方说，在看电视剧的时候，我们女人看得很感动，不是笑得嘻嘻哈哈，就是哭得稀里哗啦，关注点都在里边那些漂漂亮亮的、打扮得花枝招展的人身上，而男性看电视剧多半都会说："哎，什么结局啊？那个事后来怎么解决的？"

所以男性跟我们女性一交流，似乎都在等着你问问题，等着给你去解决问题。他要么就是侃侃而谈，发表各种观点，各种看法，似乎不是推动事情的解决，就是在推动社会进步一样；要么就是给你出一堆主意，给一堆建议，各种逞强好胜，其实他都是在暗暗地展示给你：我，很有能力。

多给男人"帮助你"的机会

很多女人一边是骂狐狸精说："你看，就知道在那儿装软弱，让那些臭男人围着你转。"但另一方面，心里也充满着羡慕嫉妒恨。

女汉子什么都会干，水自己扛，煤气罐自己换，下水道自己捅，灯泡自己亲手来……什么都会做，男人却会在我们这里感觉很挫败——我的女人，不需要我。他不能给你解决问题，不能帮到你，就显示出他没什么用，他会没有价值感。

所以，在一定意义上说，女汉子们甚至都是"不需要"男人的。

我发现，来我这里寻求帮助的女人大多都过得很苦，她们经常又抱怨又委屈：

> "我怎么那么倒霉，嫁给这么个男人，越来越懒又不负责任，我在家里什么都干，他在家里连手都不伸，可是臭男人跑到外边，跑到小三那里是什么都干，又拖地，又修水管，又通下水道，苦的累的都干……"

为什么会这样呢？

可能是女人心疼他，不舍得让他干；也可能是女人太能干，嫌老公嫌男人做得不好。但不管哪种情况，一旦男人没有得到解决问题的机会，他身上的那份能力感，就无法得到满足，从而反过来那些能干的女人通常活得特别的苦。

所以，作为女人我们一定要学会给到男人帮助我们的机会，让他们为我们来"解决问题"！

我在一些训练"女汉子变嗲妹子"的课程里，经常给她们介绍一些方法，设计怎么样巧妙地"使用"身边的男人。比如说矿泉水瓶打不开，不要自己包上衣服裹上布的，使出吃奶的力，非要自己拧开。身边有男士，示弱一下说："哎，帅哥，你看，我的小手没劲，你能不能帮我把这个矿泉水拧开？"

男人通常都很乐于效劳，"啪"的一声帮你拧开了。拧开了之后，如果你再懂得多夸他两句："哇，你好能干哦，你手劲好大哦。你看男人就是男人，就是厉害，谢谢哦！"这个男人肯定会感觉很好，也很乐意帮你继续做其他事情。

我有过一次印象很深的经历，有一天我走在大街上，一个女生提了一个很重的包，不知道是因为什么原因，突然间低下身子，正好我走过她旁边，她喊住我说："先生你好，能不能帮下忙，帮我拎一下包，我系系鞋带。"

女生开口提出了要求嘛，必须行的喽："行，没事儿，我拎着等你一下。"

我就帮她在旁边提着包，那时我确实感觉那个包还挺重，就一边等一边说："你的包挺重的，装了那么多东西。"

她说："是啊，我们女生的包都重。"

我顺嘴接了句："那好吧，那我再帮你提一段吧，反正我也要往前走。"

她笑着说："那好啊，谢谢哦！"

她很自然地把包继续让我为她提着，我们边走边聊。那时仿佛感觉自己就很厉害，很有用，尤其对方还是个不错的美女，自己也蛮开心的。

事后想了想，为什么自己帮了别人，干了活，还感觉那么美滋滋的呢？这就是男人。所以，男人从来不怕干活，就怕不被需要，没感觉。

向上海"嗲女人"学习

大家不妨想想看，在全国各地，哪里的女人最会训练男人？也就是哪里的女人让男人干了活，男人还很开心很乐意？女人干活少，男人还感觉好？对，一点都不错，上海女人。

我经常听到很多上海男人说："哇，我老婆最喜欢吃我做的饭了。而且我老婆每次都夸我，说我刷锅刷得很干净。"也就是说，她们的男人一边在展现自己为家做了很多，一边还非常得意。自己干了很多活儿，自己还很得意，不得不让我们思考上海女人的"独特魅力"！

为什么呢？因为她们特别会给男人制造一种被需要感。比方说，一个小女生，鞋子就在旁边，掉地上了，明明伸脚就可以把鞋子穿上去，可是上海女人可能就不自己去拿，会叫旁边的老公/男朋友，说："老公（不管是不是已经成为老公），你来帮帮忙呗。"

男人："我忙着呢。"

女人："不嘛，老公，你来呗。"

男人："怎么了？"

女人："你帮我把鞋拿一下呗。"

男人："你的鞋子就那么近，你干吗让我拿？"

女人："不嘛不嘛～～老公就要你拿嘛。"

（老公被"逼"得没办法了。）

男人："好吧好吧，给！"（把鞋扔了过去）

女人："老公，不嘛，你帮我穿一下嘛。"

男人："拿过来了还不行，还要穿上。你真是的！"

老公就很无奈，没办法，可是当他穿好了的时候，这个女人就会说："老公你过来，你过来呀，我跟你说呀。"

男人："鞋子都给你穿上了，你干吗啊？"

女人："你过来呀。快来，把头低下啊。"

这个时候，女人会抱起他的头，在他头上或者脸上，"啵"亲一下，同时说："奖励你的，谢谢哦，老公，你真好。"

哇，这个时候前面哪怕再气的老公，再气的男朋友，瞬间都被融化了，一种特别大的满足感。所以你说下一次再出现这种情况，这个男人会不会做？怪不得那么愿意干活，因为干了之后，可以得到各种强化，得到各种认可，能力上特别有满足感。

关系改造训练6

——给男人制造"被需要感"的训练

给男人制造"被需要感"，可以为他们提供"解决问题"的机会。从身边的男同事、伴侣甚至陌生的异性练习，在接下来的3周，每天至少做1次，事情无关大小。

比如，请他们帮你打开矿泉水瓶盖，帮你拿柜子高处的物品，在车站帮你拿重的行李……

请罗列出，你所想到的、切合你生活的方式：

1. 当 ＿＿＿＿＿＿＿ 的时候，请他帮我（做）＿＿＿＿＿＿＿＿＿；

2. 当 ＿＿＿＿＿＿＿ 的时候，请他帮我（做）＿＿＿＿＿＿＿＿＿；

3. 当 ＿＿＿＿＿＿＿ 的时候，请他帮我（做）＿＿＿＿＿＿＿＿＿。

记住，当对方给予帮助后，一定给予及时称赞和感谢。

2. 难怪女人喜欢"激扬文字"

女人的关键"性能"按钮

前面我们说不知道男人的性能按钮，就不能真正地开启男人；同样的，女人如果不知道自己的性能按钮，既无法了解自己，也无法告诉男人他怎么样和你相处才是好的。

那么，女人终其一生追求的，以及满足女人最大需求的又是什么呢?

女人之所以是女人，也是因为进行了性别角色的社会化才变成女人。不然的话，虽然生着女人的身体，却会带着女汉子、爷们的味道。

从进化心理学的角度来看，当男人辛苦地出去捕食猎物，并被不断地塑造得越来越男人的时候，女人留在山洞里并没有闲着，一边照顾家人和哺育后代，一边要和山洞里的其他雌性猿人建立关系，并不断地进行着各种各样的交流，而雄性猿人却没有多余的精力去做这些。

女人需要"关系"被满足

从个体成长发展的角度来看，女孩儿社会化的过程中，从小到大所玩的游戏同样会塑造女性最大的一种心理需求，换句话说，看看我们女孩小时候玩的游戏，也就能找到女性最大需求的踪迹。

女孩小时候玩什么游戏长大？跳橡皮筋，过家家，抱着洋娃娃，女孩子一边抱着一边抚摸。你看，我们女性的游戏，比如过家家，你扮演爸爸，我扮演妈妈；你扮演外公，我扮演外婆；你是新郎，我是新娘……你会发现，他们全是在体现出人物角色之间的一种关系，包括像跳绳也一样，是很公平的，轮流，你先我先都没关系，人人有份。

在女孩子这类儿时游戏中就能展现，女性最注重的、最关键的东西，是体现出关系，这也造就了女性最大的性能指标就是一种"关系"——"关系"需求的被满足。

怪不得我们女人做什么事情都喜欢成群结队，你挎着我的胳膊，我拉着你的手，大家有商有量，一边聊一边逛，我们总需要有人陪伴着。

所以，**女性总是生活在建立关系和维系关系的不停循环中。**女人喜欢的东西完全是以"关系"为导向的，尤其在亲密互动过程中，能确认到关系的存在，我们就会让自己很满足。

女人喜欢有人陪伴，不管是逛街、吃饭还是上厕所。我们没有人陪的时候，到处拉伴，如果拉朋友朋友没空，叫同学同学没时间，找老公老公不去，那索性找别人老公。当然这是一句玩笑。总之，女人不到不得已不大喜欢一个人去逛，逛不一定是为了买东西，总想有人陪伴着大家有说有聊的。

实在没有人一起去，那自己一个人也可能会去逛。试穿一件衣服，红色的，不买；又试了一件蓝色的，还不买；灰色的，还没买……结果试了一天衣服，一件没买却很开心地回去了。为什么呢？因为自己和营业员、和衣服建立了一天的关系。

这就是女人，最大限度地来满足关系的需求——建立关系、维系关系。

女人为什么那么"爱交流"

既然"关系"是女人的最大需求，那我们又是靠什么样的方式来与别人建立关系呢？对，是情感交流。

对女性而言，交流情感是自己生活中必不可少的部分。有人愿意和我交流，我会话说个没完，时间多长都不算长；如果亲密的人不能和我交流，我可能就会逼着、追着也要交流。

也难怪我们生活中碰到麻烦事时，第一时间总喜欢要找人说。身边没人，就打电话找别人说；再找不到人，会转过来走过去，心烦气躁，一定要交流出去，才能让自己平静。

或许有男人说："我们家的女人现在越来越不爱说话了，难道不是女人？"

不，只要是女人，其本质都爱交流的。只是过往或早期阶段，有的女性在与亲密的人相处中，对于交流索而未果，或非常的不愉快，慢慢地才会以更加沉默的方式进行互动，甚至是冷漠、冷战！

男人都很不能理解我们："为什么女人遇到事了，总有那么多话，说个不停。"那女人为什么那么爱交流呢？关于这一点，不但源于山洞里那群雌性猿人不断的进化，单从神经生理结构上也可以找到依据。

每个人大脑分成左半球和右半球，而让左半球和右半球进行连接的部位，生理学上把它叫作胼胝体。胼胝体其实就像是一个肉片，它来负责大脑左右半球的协调和连接，从而让两边的信息进行各种交互。

研究发现，女人的胼胝体比男人的胼胝体普遍上要厚40%。不要小看这40%，这40%却使得人的左右脑进行交互协调的速度相差非常大。

打个比方，如果把胼胝体比做一条马路的话，我们女性的胼胝体是8条过去的大道，8条回来的大道，宽敞的16车道；而男人的胼胝体，则相当于是1条过来的通道，1条过去的通道，总共才2车道，所以经常会发生短路。

一个人的语言表达能力，典型的是左右脑协调的结果，因为进行任何一种语言的表达，总是既需要左脑的理性、抽象和言语，又需要右脑的具体、直观和形象。也就是说，男女胼胝体40%的厚度差异，带来的却是我们女性左右脑协调的速度是男性的8倍。

因为胼胝体带来的这种交互速度的不同，所以女性的语言能力就特别强，女性也特别爱表达、要表达；同时在做事上效率很快，能够同一时间兼顾做很多件事。

所以我们会经常看到，遇到某事男女两人发生争执了，男性往往结结巴巴，一着急什么都说不出来了。这或许就是左右脑协调速度慢，一下子调不出来吧。

可我们女人们就不一样了，事儿还没有谈两三分钟，整个大脑都活跃了，扩展速度也特别快，不但谈及眼下的这个事儿，马上开始说起昨天如何如何，上个月对方怎样怎样，去年对方又是如何地对自己……

一下子历数罪状数十条、数百条，把过去三年五年的陈账旧账都翻了出来，把过去的烦躁感也都调了出来。再加上我们女人优势的语言表达能力，迅速冲突就升了好几个级别。

而且，在女人遇到压力的时候，也格外的情绪化，我们更担心这个时候失去关系，为了确认感情还在，为了更好地维系关系，我们期待同对方交流，也同时渴望对方和自己交流。女人们往往特别倾向会找朋友、找知己去聊，大谈特谈自己的困境，将满腹的心事尽情吐露，这样心情才能好受一点。

关系改造训练7

——记录情绪日记

情绪发生后，向自己倾诉，向自己的日记本倾诉，是一个很好的方式。

写情绪日记，不但可以排解情绪，达到自我交流；也会帮自己找到情绪上的雷区，哪是自己最害怕的东西。

时间	地点	人物	事件	情　　绪	想　　法
				1. 当时你感到什么情绪（悲伤、焦虑、愤怒等） 2. 情绪的强度（0—100%）	你脑子里有什么想法和图像？
			1. 2. 3.	1. 2. 3.	1. 2. 3.

注意：1. 只记录重大的情绪经历，不需要每件事都记。

　　　2. 情绪尽量精确地描述，避免含糊不清。

3. 男人的沉默和回避是"暗度陈仓"

"沉默"是男人解决问题的本能行为

了解了男人的最大需求和性能指标，你就会知道，男人为了证明有能力，第一反应就是要为别人去解决问题，只要有对话的机会，无论你说什么，男人总要跟你指点江山，给建议解决问题。

但当男人遇到压力、遇到困难时，他却总是喜欢躲一边儿，闷声不响，不愿意交流，不是沉默就是回避。这一点恰恰令我们很多女人特别讨厌，女人通常很生气的是：

> "你干吗不把事情讲清楚啊？你要么就告诉我，你到底发生了什么，我即便帮不了你，那我了解一下关心你也好啊，你当不当我一家人呢？你也不告诉我。""那吵架了，吵架了咱们就把事情说清楚，你就不说是怎么回事呢？"

因为女人遇到压力了会心情起伏不定，我们需要各种情感抒发，娓娓道来，非常愿意把心里的话讲给全世界听，讲完了就好了，这就是女人解压的办法。

所以，一般女人是无法理解男人为什么沉默的。事实上，男人遇到压力时，很希望能够排除一切干扰，自己集中心思放在问题解决上，深深地把自己埋起来。

一方面是因为，只有沉默的时候，人们才能获得更好的生存。自然界的生存法则是趋利避害，人类经过漫长的进化，把很多生存法则逐渐演化为了人的本能，就是不需要大脑的思考，身体自然而然做出的行为反应。比如说，人在面临危险的时候，会不自觉地按照冻结、逃跑、战斗这个顺序来应对危险时刻。

冻结就是人一旦感到威胁时，会立即保持静止状态。其根源是因为在危险来临时人们的大脑会认为移动会引起注意，要尽量减少曝光率，这是生理本能为人类提供的最有效的自救方法。沉默就是冻结反应中的一种典型，应该说一直以来，沉默都是有一定积极意义的。

你看，就像过去的猿人，打猎的时候，只有沉默、不吭声，静静地，才能更容易去瞄向猎物。当然，即便是被捕者，作为猎物也只有沉默安静，才更不容易被敌方发现。而且，当你说话，或者做一些事时，会耗费掉大量的体力脑力，沉默则更能审时度势，并借机积累各种能量。

另一方面，也是更重要的原因，除非到了必须求助别人地步，否则男人不希望麻烦别人，他不告诉别人，就不至于让别人觉得自己搞不定，似乎是没有"能力"的体现；他会独自地一个人抱头冥思苦想，通过这种方式寻求对策，因为这个对策来了，会证明是自己搞定的，有"能力"，这就是男人。

第三方面，因为我们女人遇到烦心事通常会本能性地反复诉说，很容易演变成旧事重提，甚至唠叨抱怨指责。而在这样的反复过程中，男人通常感受到极大的挫败，这恰恰进一步打压了男性的性能按钮——能力感被否认，于是男性更加沉默，甚至开始回避。

一个经典而又疯狂的两性冲突模式

了解了女人的性能指标，你会明白，我们渴望通过情感的交流和陪伴来建立关系、维持关系。永远记住，有时候女人主动和男人说话，不一定是为了得到一堆道理来寻求问题的解决，问题解决可能根本没有那么重要，或者该怎么解决自己比谁都更清楚；我们大多只是想交流交流感情，因为只有这样才是自己最需要的，才更容易开心快乐。

男女互动时，一个为解决，一个要交流，当这样的两个物种结合在一起的时候，如果互相满足，将会天堂般地融洽美好。如果互相冲突时，将会比地狱更恐怖。这里也延伸出了一个堪称经典的两性冲突模式。

男人的沉默通常让我们女人很害怕，因为只有在某种极端的压力下，女人才会选择沉默。男性沉默的时候，我们就想努力地试图让这个男人说话，这样一来就打断了男人的思路，男人无法一边讲一边去思考问题，所以他更不愿意说。

这时，女人就很容易愤怒了，慢慢地将交流转化成唠叨或抱怨，甚至是指责，这就演变成了女性常会用冲突的方式来确认"关系"，越是在男人这里得不到反馈，他的沉默就越让女性变得疯狂，这也是当下现实里很多人的感情存在形式——因为不能正常的交流，所以用冲突的方式进行着交流。

冲突的交流里，女人的唠叨、抱怨和指责让男人一边感到恼怒，一边更加挫败，毕竟其中是充满着对"能力"的否认，他会不自禁地给女人说："你给我闭嘴。"这样的话语反过来更让女人坚信两人之间是不是感情淡了，不然的话"你怎么会让我闭嘴呢？"

久而久之，矛盾在恶性循环中产生，女人追着男人说"你说！你给我好好交流啊！"男人越来越不说，更加沉默；女人更得不到交流，愈加抱怨……

逐渐地，"沉默"也已经无法应对当前的局面，男人开始回避和逃离，尽快把烦恼忘掉，比如自己去看看报纸，玩玩游戏，或者外出喝酒、找朋友瞎聊……哪怕车里待着不愿意上楼，甚至是外遇。

男人承受压力的时候，喜欢寻找一个空间去寻求释放，这样既可以让自己放松，又能专注于问题本身。所以，不回家就可以享受和兄弟、同学、战友一起大块吃肉、大碗喝酒，愿意互相敞露心扉，又可以免受爱人的唠叨和抱怨。

这就是男人，应对压力和冲突的一种特有表现，这种沉默和回避虽没有"明修栈道"，却是在"暗度陈仓"，他承受的压力越大，这种表现就会越明显。

最后一步是发展到，女人长期交流不到，发泄不出，也开始变得沉默不语，更准确地说是冷漠地隔离，那感情便到了最危急的时候。

在我曾经的案例中，江涛夫妻便是如此：

江涛是个被公认的有魅力的男人，外形健康，衣着得体，气质斯文，拥有一份非常不错的工作，且工作努力，能力出众，责任心强；爱人是一位性格外向有点可爱，长相甜美的女士。郎才女貌，天作之合，婚后的生活最初一帆风顺。

不过对江涛来说，成家立业后，工作方面更加努力，也得到了更好的发展，被公司提拔为最年轻的部门总经理。一晃江涛担任新职位过去了五个月，下班回家的时间越来越晚，而实际上部门的工作在江涛的管理下已经完全步入正轨，整个部门的工作效率提升很大，这也很好地显现出了江涛的管理能力。

那么江涛加班在干什么呢，其实并没有什么特别重要的事情。他有时会处理一些事情，有时只是在那里若有所思，当然偶尔也找晚下班的同事闲聊。

年底公司举办新年晚会，按照公司惯例会邀请部门总经理以上管理层的家属一起参加，但江涛说他的太太出差了不来。平时极少喝酒的江涛也一改常态，与同事和下属喝了不少酒。当同事们七手八脚地张罗着要把江涛送回家时，只听得江涛在那里含糊不清地念叨"不回家不回家",同事们面面相觑。

你觉得为什么江涛会不想回家？很显然事业是他的一个方面，但本能的逃避也是潜在的原因。

在江涛看来，家庭和事业是他的全部，所以他要两头兼顾，更好地发展职业的同时，自己晚点处理完工作会尽早回家，这已经是他平衡家庭和事业最努力的方案了。

然而江涛的太太却不这么认为，喜欢一点点"折腾"的她需要江涛更多的时间陪她，陪她逛街，陪她做家务，陪她聊天，陪她参加她的朋友聚会。江涛的加班引来她的不满，从开始的抱怨，到后来对江涛的"频繁电话跟踪"，再到后来的发脾气使性子，最后发展成冷战、冷漠。

江涛开始觉得因为自己工作忙，有些亏欠他的太太，所以是耐心安抚，极力补偿。但随着太太的"抱怨"愈演愈烈，他感觉很是委屈，觉得太太不能理解他的用心，感觉自己每天生活在一种负能量里面。最后爱被这种负能量所消耗，两个人的心越走越远。

这样的例子一点都不算稀奇，是两性冲突恶性循环模式的典型。日常中，我在面对一些来求助的夫妻，看到俩人处在激烈的争吵中，我通常会对男方开玩笑说："挺好，还有得救。"这句话并不完全算是玩笑！因为夫妻之间最可怕的不是吵，而是吵到互相不理会，都不屑和对方吵了！

尤其我们女人，一个那么爱讲话的类型，已经不愿意理会这个男人，变得冷漠了，这个时候真的离没得救不远了。感情总是从相敬如宾，变成"相见如兵"，打斗、争吵，最后"相见如冰"。当女人真正闭上嘴了，那反而变得很恐怖。这也是女人需要提前觉察到的部分，毕竟预防大于治疗！

所以，如果我们女人了解了男性的沉默回避，只是因为他是男人，只是因为他在用男人的方式在自我解决问题，那自己心理也会平衡和平静很多，至少不再归因于说："对方不爱我，不在乎我，他已经跟我不一条心，他不愿意跟我沟通。"

更进一步，如果我们女人懂得这样的时刻不去打破他的沉默回避，甚至可能反而愿意主动给他一些小空间，让他和朋友去交往，喝点小酒，偶尔打打小牌；或者也愿意给他一些时间，让他独自待在书房，去面对自己的内心世界，这样两个人的相处反而更加融洽了。

关系改造训练8
——自我正向积极关注的训练

积极心理学认为，每天写下三件喜事，并记录它们的起因和过程，连续3周以上，发现在3个月甚至6个月后，都会更加快乐而更少压抑！

第一件（事件命名）＿＿＿＿＿＿＿＿＿，因为（描述起因）＿＿＿＿＿＿＿，过程中（描述过程）＿＿＿＿＿＿＿；

第二件（事件命名）＿＿＿＿＿＿＿＿＿，因为（描述起因）＿＿＿＿＿＿＿，过程中（描述过程）＿＿＿＿＿＿＿；

第三件（事件命名）＿＿＿＿＿＿＿＿＿，因为（描述起因）＿＿＿＿＿＿＿，过程中（描述过程）＿＿＿＿＿＿＿。

＿＿＿＿＿＿……

4. 女人需要防护男人的"姨妈期"

男性亲密周期理论

女人最懂得女人月事那儿天的情绪不稳定性有多高，但较少有人知道原来男性也有"姨妈期"——男性的亲密周期。在讲述这个理论之前，我先给大家说一个案例。

一对夫妻，刚结婚一年多，两个人闹到不可开交要离婚。

女的说："他结婚后就变样了，每天都很忙碌！也不陪我看电影，也不陪我逛街，只知道去找他那些好哥们喝酒，原来不是说会爱我一生的吗？为什么总是以各种借口不回家多陪陪我，这到底是怎么了？

以前他特别喜欢我黏着他，也处处带着我，现在好像特别讨厌我，见了我像见了鬼一样！这样的日子还有什么好过的？我一定要离婚！"

男的说："我其实挺爱她的，可她实在太黏人了！一点儿空间都不给我，一会儿不回家，就问我外边是不是有女人了。只要没陪她，就连床都拒绝让我上，这日子真没法儿过了！"

这样的对话大家熟悉吗？恐怕在生活中真不少见。热恋的时候，那个喜欢我们小鸟依人、喜欢黏着他的大男人，怎么转眼把女人"黏"或"关心"当成了负担了？

前面我们已经说过，男人喜欢沉默，沉默不足以应对就逃避。男人沉默或者逃避的时候，女人处于关心，也许是处于不放心就喜欢凑过去，去唠叨抱怨，去追逐吵闹，其实背后的潜台词是在确认关系是不是还存在。

可是问题是，男人这个沉默或者逃避，本来就是想得到一定的空间或自由来处理自己的事，女人一追逐，空间没拉开，自由也没获取，男人就更加想逃得远远的。

如此一来，女人越追，男人越跑，男人越逃，女人就越赶，久而久之，就形成了一种规律——每隔一段时间，男人总要"逃开"一定的时间，也就是像周期性的一样，他要给自己一个"独处期"，要"离开"自己最亲近的女性伴侣一段时间——男性的亲密周期。

这个理论就像在男性和女性身上套了一个橡皮筋，女性往那儿一站，男性被绑着个橡皮筋就跑开。由于受到橡皮筋的弹性牵引，男的越跑，女的就越追，跑得越快，追得就越紧。因为这特别贴切地反映了男性亲密周期中两性的互动方式，所以我们把"男性亲密周期"的理论又称为"橡皮筋理论"。

男性亲密周期——橡皮筋理论

我们女人不了解男人这个周期时，会觉得男人很奇怪，男人怎么像来了"大姨妈"一样："这两天跟我关系挺好的呀，莫名其妙地就走开了，觉得我烦他了，自己去想静静；等到我不理他了，他又莫名其妙地跑回来哄我，像没发生什么事情一样。"

男人"姨妈期"女人要做好防护

男人可能本来对我们情意绵绵的，甜言蜜语的，忽然间变得烦躁不安了，若即若离，甚至都不想跟我们说话，那就"离开"了。可是你知道，橡皮筋是有弹性的，在这个弹性范围内，你忽然用力把它拉长了，拉开得越猛，拉得越远，弹回来的速度也会越快。

也就是说，有时男人去沉默或逃离，我们女人如果保持不动，那过一段时间，因为女性不动，男人他很快会自动恢复原样，再返回来的时候，男人好像什么事情都没发生过一样。这是由他的亲密周期所促使，不是由他主观意识所决定的。这是男人与生俱来的一种本能。

这与你们相处好不好没有关系，男人即便对你很深爱，也会有这样一个周期，会对你有疏远冷淡的时候，也只有经过这种疏远冷淡之后，他回来才会更亲密，才会积聚更多爱的能量来给予你。

男人的"离开"是因为他们需要独立的空间，是因为他们不喜欢受到约束，不喜欢被女人限制，偶尔的这种逃离，会使得他更加怀念和这个女人先前的这种美好的关系，亲密也好，缠绵也好，在回来之后，更加渴望这个女人的爱，也更愿意给这个女人爱。

当然，如果你们俩一直形影不离，或者说男性想躲开，我们步步紧逼，跟过去，甚至跟过去还不止，还跟着骂，那么这个时候，橡皮筋永远拉不开，男性就感受到了不自由，厌烦得不行。这个男性就一直躲你，一直处于想挣脱和逃离的状态。只有自由了，才有足够多的动力，再反过来回去靠近你。

还有一种，男人你离开我，行啊，你离开我，我就惩罚你，不准你进门，你回来了我也不理你。从情感上、精神上、生理上，对他进行各种惩罚，这样一来，他一方面不敢去远离你，但另一方面，他的本能又需要离开你。男人就产生一种强大的冲突，久而久之呢，就会让你们的矛盾加深。

男人的本性就是在这个亲密与孤独之间，来回转换。所以如果我们了解这是一个规律，在亲密周期以内，我们越信任男人的这种离开，他回到我们身边的概率也越更高。但如果女人不太明白这一点，我们通常会很怨恨，甚至觉得这个男人怎么这样，很陌生，想把他推开。

这就提醒我们，做女人，一定不要给男人一种逼迫感，不要刻意去破坏这种亲密周期，这不是警告你，也不是劝说你，这是一种知识要告诉你：男人，他的骨子里就有这样一种远离。

聪明的女人只会表达自己的心声，懂得告诉男人：

"我知道你需要空间，你放心去吧。只是有时候我看到你一声不响，我有点担心，有点害怕。我希望你想自己独处的时候，以后能告诉我一下，这样我也就更放心了。"

在这样的橡皮筋周期里，我们女人需要把更多的关注点放在自己身上，爱自己，提升自己，更加美丽、独立以后，自信大胆地放男人去释放压力，这样的情况下，男人感受到女性的包容、理解和接纳以后，男性弹回来的概率反而会更加频繁，也会慢慢地更加向女人坦诚和敞开。

5. 男人都"好色",是"下半身动物"

男人本"色"

这样的镜头在我们身边很常见,男性陪着女性逛街,到了人多的地方,总是盯着那些长得好、身材火辣的美女看。

身边的女人就急了:

"你看什么看,看什么看,再看我把眼睛给你抠出来!"

学心理学的人总爱开玩笑地跟女性说:

"你不让他喜欢看看美女,你让他看啥呢?在大街上,如果他只喜欢看丑的,这是心理变态的表现;他只喜欢看路边的垃圾筒,这不是强迫症吗?他只喜欢看男的——同性恋倾向!所以啊,就是看看女的,而且还是美女,更正常一些吧!"

这虽是个玩笑话,也不是全无道理。

那么如何解释男人好色呢?这里,我们首先从人类繁衍的角度来说说:

"假如,一个男人一年和一百个不同的女人发生性关系,他会是多少个孩子的父亲?"

答案当然是很多了,或许多到一百个,那还没有算双胞胎呢。

"假如一个女人一年内与一百个不同的男人发生性关系，她能生多少个小孩？"

答案是可能只有一个，也还未必。

男女双方在为生孩子投入的最低限度的时间和精力上，差异很大。

对男人来讲，最低投入可能只是一次射精。如果有足够多的有生育能力的女伴，男人一生可以生数百个孩子；但我们女人却要十月怀胎，不但怀孕的时候有诸多不便，还可能在生育的时候有生命危险。

所以，男女双方在生育孩子这个问题上，养育投入的较大差别，就引起男女双方在选择配偶时进化出不同的策略。

可以想象，因为女性的繁殖能力有限，那些越是认真挑选配偶的女性，我们繁衍成功的可能性就更高；男性就刚好相反，那些追求充分利用每一次交配机会的男人，繁殖就更容易成功，即使养育质量不高，也可以用数量上的"多"来进行弥补。

因此，女人在选择伴侣的时候，就比男性谨慎得多，并要求男性伴侣聪明、友善、有能力、够负责，这样既优质又能有后续保障；而男性在选择伴侣时，就不会那么苛刻，所以他们只找这种繁衍能力强的——比如年轻的、屁股大的，来作为对象。

色由"心"生

从繁殖的性别差异上来讲，我们女性总是能够确定所生的这个孩子一定是自己的；相比之下，男性就会遭遇他无法确定"自己是不是孩子的亲生父亲？"这样一种困扰和焦虑。

除非他们绝对相信伴侣是忠诚于自己的。或许正是因为这个原因，男人对于女性红杏出墙格外警惕，不敢确定这个女伴对自己是不是忠诚。

这个观点同样可以用来解释，男人比女人更渴望短期的艳遇，喜欢与多个伴侣保持一种短期的风流关系。

短期性的，男人就喜欢找那些容易发生性关系的人；但想长期结婚，安定下来的男人，就会找那些比较忠贞的、比较让人放心的女人来结婚，来作为长期伴侣。

所以，在男人眼里，感觉比较随便的女人，对男人来讲是有吸引力的，但是他只是以短期的关系作为目标的。

但我们女人就不一样，不管是发生婚外情，还是找长期伴侣，她就更看重成熟有魅力、强势有能力，有阳刚之气的男人，因为那些稳定、收入高、有资源的男人给她们带来更强的安全感。

还有一点是我们女性很难理解的，那就是男人好色背后还有一种强烈的、渴望"探寻"的好奇心。

大概从十一二岁，甚至更小的时候，男人就进入了对异性有欲望的年龄。这个时候作为男孩对女性的身体，充满着好奇，而且这种欲望感很旺盛。必须说明，这是健康的，因为这种心理也决定了男性今后对两性关系的一种处理能力。

很多关于性心理根源问题的理论认为，几乎所有"探索"的欲望，都始发于对性的好奇。有心理学家认为，男性之所以好色，这种心理成就了男性对于冒险、勇气、担当、责任、付出等方面的气质和能力。

所以，这种好色心理复杂就复杂在，它不仅仅是男性对女性身体的一种好奇，也让男性通过这样一种心理，去慢慢地习得了其他男性能力的一个过程。

心理学大师弗洛伊德还说过一句话："女性的身体隐而不露，对于男性来讲，是一个深深的谜。"

不难理解，从外部特征上来看，男性的身体平淡无奇，但是女性的身体是纷杂多样，像高山，像丘壑，有重有轻。所以，女性就很难对男性的身体产生好奇，女性在好色这点上，其实提不起什么兴趣。但，这种高山丘壑般的女性的身体，却吸引着男性想去探索、想去发掘，也导致男性因"探索"的欲望而陷入了这么一种"好色"之名。

当然，好色除了探究，男人也能通过这种方式来发泄一些负面情绪。不管是去看、听、还是做，这些方式在一定程度上，都缓解了男性的焦虑，满足了男人内心的一种需求。

确实很多现实中的案例可以证明，一个男人越是压抑自己的性需要，在一定程度上，他的心理健康损害就越高，甚至造成心理问题。

当然，这里对"男性好色"的解释，并不代表大家做了龌龊的不道德的事，是可以理解和原谅的。人之所以是人，就是因为我们在满足自我需求的时候，能够顾及社会规范。

一位女性作家曾经这样说：

> "想掌控一个男性很简单，脱下衣服，放开自我。但是，如果你想长久地拥有他，不论是身体还是内心，让秘密长久地存下去，就是最好的方式。"

我们细细品味其中含义，就能明白：一个聪明的女人一定要懂得保持让一个男人对自己的好奇和神秘感。

怪不得很多男人说："她脱光了，没意思。反而没有穿着一点儿，或者蒙着一层纱那么有味道、迷人！"

关系改造训练9

——女人的性感训练

女人的性感，对男人有致命的吸引力。比如，你可以打扮得很性感，可以跳出很野性的舞姿，或者很温和地进行调情，迷离销魂的喘息声或者叫床声，甚至玩起角色扮演的游戏……

请罗列出三种以上适合你的性感方式：

1.（例）买几套性感内衣，比如尝试穿丁字裤…… ；

2. ；

3. 。

……

注意，每个人心中性感的界限是不一样的，大家根据双方的个性和接受尺度做调整。

第三篇

知"男"而进

知道不等于能做到。最懂男人心，是为了知"男"而进，迎"男"而上。

要男人强大，请男人担当，把握男人的心理规律，可以造出好男人！

📁女人怎么说话，才不算唠叨

📁永获男人心的五大心理话术

📁懂得这样"强大"，男人才会听你话

📁学会这样"坚持"，男人才帮你做事

📁利用橡皮筋理论，轻松搞定第三者

1. 女人怎么说话，才不算唠叨

男人为什么怕女人唠叨

女人是一种关系型动物，生活中有了伙伴、有人聊天，一切都没有关系，没了这些关系，就非常有关系了。女人会觉得愿意与男人交流、跟他说话，证明我们俩关系是亲密的。

有的时候，女人是因为操心的事情太多，做出各种对男人的提醒，比如说：

> "哎，你别老是坐电脑旁边好不好，这对身体不好。"
> "今天降温了，别忘了多穿点衣服。"
> "你多吃点水果，这样可以补充维生素。"

还有的时候，是重复地去要求男人做一些小事："哎，家里的酱油你到底什么时候买啊？"这些会让男人觉得是啰唆，演变成了一种痛苦的根源，然而却是女人对不同内容的一种交流方式。

令男人比较头痛的事情是我们一逮到男人犯错，就以各种教育者和改造家的身份出现，特别喜欢说。这里还有一个专有名词，叫：唠叨。

有调查显示，男人讨厌女人做的事情当中，排名第一的就是啰里八嗦，远远高于排名第二位的：女人不爱打扮。

看来男人宁可忍受女人丑，也不愿意我们是个唠叨的女人。作为女人，我们应该理解，基本上只要是让男人心烦的沟通方式，在他们看来都算是唠叨。这也解释了为什么男人认为女人无时无刻都是爱唠叨的，而我们却只会承认自己偶尔才会唠叨一下。

为什么男人最怕女人唠叨呢？这和男人核心的"性能"指标——"能力"——不能被满足有关。

首先，女人唠叨的很多内容是命令式的。命令一个男人，就会让他感觉到权利在女人这儿，那么权利在我们这儿，就代表着他的权利低，那就是没"能力"喽！

其次，女人唠叨就说明女人不信任男人，就代表你觉得他做得不好，做得不好就进一步暗示他"能力"不足喽！所有的都在否认男人的能力，那他当然不接受唠叨了。

再者，女人唠叨就意味着女人自己不够幸福，那么作为一个男人，他怎么能让自己的女人不幸福呢？让我们感到不幸福，证明他不行，他不够强大，他不够厉害。

归根结底，不是因为女人交流的内容本身不好，而是交流方式让这个男人感觉到很挫败，感到能力不足，感到没有成就感，感到没有权利，感到没有效率……所以，男人特别讨厌女人唠叨。

怎么说男人才不嫌唠叨

女人天生爱说话，既然交流无法避免，那怎么说才能既表达了我们的意图，又不给男人造成错觉，减少这种唠叨的感觉呢？

首先，交流说话的时候我们需要简单明了地说出自己的目的，以避免男人会错意，当成你对他是一种抱怨，是一种责怪。

不妨这样开头：

"抱歉，我没有要怪你的意思哦，我只是想告诉你我现在这个时候的心情。"

"我不想多啰唆你，关于……那件事，如果你能告诉我一个确切的时间，那我心里也就有数了，就不再多追问你了。"

我们这样说时，这个男人就感觉到，如果他现在给你一个确定的时间，反而他能得到"好处"，那他当然愿意进行交流了。

如果男人给你开口就解决问题式的讲道理，你可以直接告诉他：

> "亲爱的，我不需要你讲道理给我，你只是想告诉你我的心情，不然我心里憋得很难受，我只需要你能耐心地倾听我就好。当然你如果多给我点支持，比如抱抱我，那我就会感觉更有力量，会很感动，很感谢你！"

其次，考虑到男人各种爱沉默，爱回避，以及前边讲的亲密周期的规律，所以我们要学会给男人一些单独的空间和自由。

比如，如果看到老公进门就一脸不开心，不想说话，或者躲进了书房里。过往我们可能会逼着追问他怎么了，甚至还会因为他没回答你问题，引发连锁争吵。现在你明白了，你可以换种说法：

> "老公，你是不是有什么不开心的事，如果你心里觉得堵得慌，可以给我说一说。"

如果他不愿意讲，随便只言片语或者是沉默。你一定要接着说：

> "如果你觉得心里烦，不太想我们打搅你的话，就到房间里休息下，自己静一会，等饭菜好了，我过来喊你。"

这个时候你就可以关起房门给他自己一个空间。如果在他走进去之前，你能够轻轻地拍拍他的肩膀或手臂，或者直接给他个支持的拥抱，那就更加理想不过了。

男人休息一会儿之后，一旦想明白了，情绪就稳定了，会有足够的力量来跟你进行各种对话，这个时候他也很感谢你照顾到他的心情。

再次，在沟通当中，少用"你"，多说"我"来开头。

尽量在讲话当中，多以第一人称"我"开始，少说"你"，因为人往往开口抱怨的时候，就会说"你怎么样，你怎么样"，很容易让对方产生一种防御的心理，然后两个人就开始争论不休了：

"你怎么把我说的话当成耳边风啊?"

如果把这句话换成"我"开头："我感觉有些失落，因为感觉到好像不太被你重视，你看前面我们交流的这个事儿，我已经跟你说几遍了你都没回应我。"

同样内容的一句话，女人反过来用"我"开头来讲，那效果就完全不一样，男人更可能会因为心疼你，愿意帮你完成一些你要交流的事情，毕竟真正的男人都不愿意让自己的女人受委屈。

当然，因为我们自己知道我们女人天生爱说话，容易唠叨，我们也要经常提醒自己，男人和我们是不一样的，要注意减少对他的唠叨和抱怨。

关系改造训练10

——女人减少唠叨训练

与心爱的他一同讨论，他最讨厌你唠叨的事情，排序依次为：

他，最讨厌我唠叨他的是＿＿＿＿＿＿＿＿＿＿＿＿＿＿＿＿＿＿；

他，第二讨厌我唠叨他的是＿＿＿＿＿＿＿＿＿＿＿＿＿＿＿＿＿；

他，第三讨厌我唠叨他的是＿＿＿＿＿＿＿＿＿＿＿＿＿＿＿＿＿。

……

将以上排在前三的唠叨事情，做成贴纸，贴在梳妆台上、书房间里等常看到的位置，经常提醒自己注意，减少唠叨！

2. 永获男人心的五大心理话术

男人世界的五种展现场景

前面我们讲了男人最大的需求是"能力"被满足，所以按准"能力"这个按钮，男人就会发挥男人的作用，有责任有担当，在家在外都强大。男人自己为了体现出"能力"，在自己遇到困难时，他喜欢沉默，喜欢回避，独自去解决；面对别人的问题的时候，他又喜欢给出各种解决方式和建议指导。

那好，如果女人想要这个男人好，想和这个男人互动得融洽，想让这个男人变得更有责任、有担当，想让这个男人体内睾酮含量提升，我们就可以考虑怎么样通过一些话术让这个男人感到成就感，感觉"能力"被认可。

由此看来，我们只需要总结一下，男人在现实生活中，通常会在什么样场景下，喜欢去展现。在这些场景中，我们作为女人，只要学会去很好地应对，在互动当中让你的男人感觉到有"能力"，那这样一来，他经常都在提升睾酮，就会感觉很好。当然，男人感觉来了，反过来也更容易跟女人交流互动。

那，男性喜欢展现自己的场景是什么呢？如果我们有意去关注就会发现，男性所有的生活世界，不外乎在这样五种场景状态中循环往复着。

第一种场景，生活离不开聊天，只要一张口，男人就特别喜欢表达自己的想法和观点。

比如说：

"这个问题嘛，我觉得是这样子的……"

"我呢，是这样想的……"

"我跟你说啊，我认为当前这个世界形势……"

男人非常想表达自己的想法，因为表达自己显得自己有能力，仿佛会体现出价值感，这是一种场景。

第二种场景，只要和男人一对话，男人就喜欢给你各种建议和意见。

他告诉你：

"你应该这样做……这样做会对你有好处！""你应该那样做……"

或者干脆给你好几种方法供你选择。

第三种场景，男人喜欢逞英雄。

要不怎么会有一个词叫英雄救美呢！因为英雄救美、见义勇为等行为，他逞了这个"强"后，挺身而出的表现会让他的睾酮增加很多。

第四种场景，精彩地做成功了某件事后，他喜欢各种表现。

因为男人跳出来的多，再加上男人天生的力量型和抗压能力，他做成功事情的机会也很多。事情做成功了，他就很牛很厉害，这时候男人特别容易向你各种显摆和表现：

"你看，我今天被领导称赞……全单位只有我一个人……"

"我今天搞定了……我做成功了……"

第五种场景，男人容易站出来做事，当然也很容易做错事，做错了，男人会闷头气馁。

多做多错，做得多了，错的概率也就高了，做错事后男人喜欢闷头沉思，回避交流！

男人的生活基本会在这五种场景里交替进行着展现：喜欢表达自己的想法，喜欢给别人建议意见，喜欢展现自己很牛很厉害，喜欢去逞英雄、挺身而出，喜欢多做又容易犯错……

抓住男人心的五大话术

那么，针对以上五种场景，他跟你对话，不管是对还是错，其实女人都可以在对话的基础上，达到抓住男人心的目的。哪怕男人说得很抽象，很逻辑，很理性，都没有关系，关键是女人不直接去否认他，让他感觉到强大的挫败感；相反，我们可以通过心理话术，让这个男人感觉自己很强大、很厉害，提升他的睾酮含量。

第一种场景下，当这个男人在表达他的想法的时候，你可以告诉他：

"嗯，这个想法真不错！"

"哇~真赞，太棒了！"

如果你留意就会发现，当你做出此类表达的时候，这个男人往往会一愣，像没反应过来一样"啊？我刚才说什么了？"

因为他只是习惯性地去表达他的想法，甚至说了什么都不知道，但是你这么一说，"这个想法真不错，真赞，真棒！"他就愣住了，感觉超级好，甚至会想让你说："哎，我刚才说什么了？"

如果这个时候你重复一遍他的想法，那效果会再增加一倍。

第二种场景下，当男人给你出主意，讲他的一些建议的时候，比如说：

"我觉得你应该去跟你的领导谈一谈，不然的话以后他总欺负你。"

过去我们通常都会直接回答说："跟他谈有什么用，他是领导，谈也没什么效果。"

这个时候，你即使想说这样的话，也可以在第一时间回应说："嗯！你这样说蛮有道理的。那我只是担心这个谈了会不会有好的效果，你怎么看？"

也就是说，我们第一反应给他回应的是："嗯！这样蛮有道理的！"

当我们以这样的方式对话的时候，这个男人就会感觉到："哇！我刚才讲的话好有道理。"这就是一种认可，而这种认可本身就会增强他的自信心，提升他的睾酮含量。

第三种场景下，男人经常会在适当的时候就表现出坚强，挺身而出，逞英雄，当然这也是基于很多女人对这种挺身而出很认可："哇！你好Man哦！""哇！你好厉害哦！""哇！太男人了！"

这时候男人就会说："哎呀，那当然啦，我是男人嘛。"所以，男人更容易去做这种坚强勇猛的事儿。

但是有时候做这种事儿呢，女人就可能很不认可："你逞什么英雄，有什么了不起，你干吗要这样做？"这让男人很挫败。

所以，不管这个男人做的是对还是错，你的第一反应需要先说："你很Man，你很男人，你太厉害了！"当然，如果你需要对他有纠正，也可以后边补充一句说："老公，下一次你再为别人出头前，如果能多考虑一下……的因素就更棒啦！"这样，不管你希望他出手还是不要他做，都给予了很好回应。

第四种场景下，当男人向你很兴奋地讲，他成功了，他做得很好，一般我们女人的反应是："这有什么了不起啊。"即便我们心里觉得这个男人真的很厉害，但是还是会如此说。

你想想看这个男人跟你满怀开心地讲他有多牛的事，结果你上来了一句

"有什么了不起"，男人瞬间的这种挫败感，简直挫败到了骨子里。

在这种情况下，我们女人要学会说一句话："哇！你怎么做到的？"

"哇！老公……你怎么做到的？""哇！你太厉害了。"这种话会让当事人产生很特别的感觉，背后意思是说，"一般人都做不到的，我做到了，你看我多了不起！她问我，肯定还特别想知道我成功的经验呢！"这会促使男人更好地跟你去对话。

第五种场景下，男人做得多的时候也容易犯错，一不小心犯错了，女人会给出一句很伤自尊的话：

"切，我就跟你说吧，你就早不听我的，错了吧……活该，叫你当初不听我的！"

在任何一个人犯错误的时候，内心都会特别渴望宽容和谅解，对与自己亲近的女人更是如此。这种情况下有一种做法很神奇，就是你用鼓励支持的眼神看着男人，然后深情地说出："这不是你的错！"

哇，你会发现这句话非常的威力无比，比起前四种场景下的话术，更加让这个男人感觉特别好。

所以女人们，你只要想让这个男人感觉好，在他做得好做得不好的时候，你都可以做到的，只要你愿意！只是我们很多时候没有去按准男人的按钮去做，争来斗去，甚至反着来，男人才会感觉越来越弱越挫败，越来越没有责任和担当。

关系改造训练11
——成就好男人的话术训练

将如下五种与男人对话的训练，每天至少练习2至3次，连续2周。

    1. 当男人表达他的想法的时候，你第一时间回应："嗯，这个想法真不错！"

    2. 当男人给你出主意，讲建议时，你第一时间回应说："嗯！这样蛮有道理的！"

    3. 当男人表现出坚强，挺身而出时，你的第一反应先说："你很Man，你很男人，你太厉害了！"

    4. 当男人向你很兴奋地讲他的成功时，学会第一时间说："哇~你怎么做到的？"

    5. 当男人一不小心犯错了时，你眼含鼓励深情地说出："这不是你的错！"

3. 懂得这样"强大"，男人才会听你话

嗲嗲地"认怂"是真正的强大

女人都很希望男人听话，觉得听话了，才是爱自己。且不论这句话是否合理，其实想让男人听话并不难，听不听话不在于说什么内容，也不在对错，关键在于我们怎么说话，用什么样的方式说话。

男人最接受的根本方式是，如果通过对话，他能感受到他是强者，你是弱者，那他就愿意给你多互动，站出来保护你，即便事事都听你的也无所谓。

日常生活中，不管是你遇到事情了，请男人让步；还是你犯了错，请男人原谅，这些情况都稀松平常，本来对男人来讲都不算个事儿，但结局却变成了你们冲突争吵的导火索。久而久之，积累得多了，甚至演变成了最后的分手。

如果在这样的时候，女人懂得男人的心理需求和关键按钮，并且能够应用得当，类似的小事，不但不是事儿，反而会成为一种情调，变成加深两人感情的一个好机会。

女人，你永远记住，真正强大的女人是懂得示弱，"认怂"不代表你真怂，你是为了激发男人的一种保护欲，一种担当感，以及能力满足的成就感，这样的"认怂"是真强大。

这里，我不但希望你学会示弱，还要你学会去嗲嗲地示弱。嗲嗲的反应，很多时候会令男人欲罢不能。

比如说，你请男人帮忙，你就可以说："你帮帮人家嘛……"语气里充满了柔情的小女人味道！生活中我们看到很多小女人，当这样去说话的时候，

虽然周边的女人鸡皮疙瘩掉满地，但是你会发现她们家的男人，就是愿意帮她去做事。

再比如，当你们两个人争执不下，你希望这个男人对你让步的时候，你也可以用认怂的方式："哎呀，你是男人家嘛，人家是女人嘛，你就不要跟我这个小女人计较啦……"你看，你把自己定义为小女人，那么对应的他就是大男人。哪个男人，他的女人让他觉得自己是大男人的时候，这个男人还会再跟你争？

还比如，当你做错了，你也可以用嗲嗲的方式去承认错误："哎呀，人家知道错了嘛，对不起了嘛。"诸如此类的说话方式，你既承认了错误，道了歉，而且男人又会帮你解决了问题，还间接地加深了亲密的感情，可以说是一举三得。

然而，现实中，很多女人是一味地去争道理，张口闭口就是："你看按理说应该是……你这个人怎么不讲道理啊！"最终呢？结局呢？是你赢了理，输掉了感情，甚至有的男人直接回应说："行！你对，都是你对，每次都是你对，道理都归你！我们分手，我们离婚，我们各走各的吧！"

示弱可以让女人不至于太辛苦，示弱也可以照顾到男人的面子和尊严，让这个男人在你面前更Man，女人懂得嗲嗲地"认怂"才是真正的强大！

撒娇女人最好命

有句话说："能用撒娇解决的事情，绝不要用撒泼来解决，更不能去撒野！"要知道，会撒娇的女人最好命。

所以，嗲嗲地"认怂"是一种撒娇利器。当然如果我们嗲嗲说话的时候，再夹杂一些嗲嗲的动作，有一些肢体性柔情同时使用，那撒娇效果就更给力了。

比方说有些比较"会"的女生，很懂得蹭着男方的脸颊去说话。蹭脸颊这种行为，会像小动物一样，让人觉得很想去安抚你。

当然，这个动作不一定适合所有的女人，有的人确实觉得这个动作太幼稚，难度比较大。如果是这样子，我们也可以换种方式，不一定是蹭着对方的脸颊，比如可以把脸贴向他的脸，贴向他的脖颈部位，这都是可以的。不过提醒哦，不要太剧烈地去摩擦，否则一直蹭，被男性脸上的胡茬把自己的脸给蹭破了。

这里还要注意，因为之前有的人没这样用过，所以你不要太过突然地使用，不然反而把男人给吓到了。其实这里我说的主要意思是，大家可以温柔一点、可爱一点地去做。

耳语、贴脸颊地发嗲

第二种动作，就是我们可以在说话的时候，**轻声耳语**，把嘴巴对着他的**耳朵，轻轻地去说话**。

比如，想让我们的男人给自己买个礼物，你就可以走近他，把嘴巴凑近他的耳朵，轻轻地说：

"哎，那个东西很好噢，你给我买一个嘛。"温柔的话语，外加你口里的香气飘来，他的反应或许会令你收到意想不到的效果。

但不管是哪一种方式，都不要太刻意，要自然地去凑近对方的耳朵，这样会加强你的温柔程度。

如果前边两个动作对各位来说都是高难度，那可以尝试第三种动作，就是我们跟男人说话的时候，**试着去挽着他的胳膊说话**。在挽着胳膊的时候，顺势整个人都贴上去，这样会显出你满满的爱意，不但你们对话交流会更加顺畅，要求更容易实现，你们之间的感觉也更加甜蜜、和谐。

做女人，要将柔情进行到底，示弱不是真弱，认怂不是真怂，再加上你嗲嗲的方式，会让你的男人感觉更男人，自己也会感觉自己更女人。这不正是你所需要的吗？

关系改造训练12
——女性发"嗲"式对话训练

下列3种场景和做法，请在未来1周内，各尝试练习使用1次。

1. 一边蹭着男人的脸颊，一边认错说："哎呀，人家知道错了嘛，对不起了嘛。"

2. 把嘴巴对着他的耳朵，轻声耳语，请他帮忙做某件事。

3. 挽着他的胳膊，边晃着边请他给你买某个小礼物。

4. 学会这样"坚持"，男人才帮你做事

发出请求，男人才愿意做事

女人让男人帮忙是司空见惯的事，可为什么相处久了，男人就不做了呢？他是真的不想帮你吗？不一定，有可能是他之前帮过你，不过受挫了；他帮了你，但被你认为帮你是理所当然，他觉得做和不做没什么区别……很多不愉快的局面之后，慢慢地很多事情就不再做了。

女人始终有一个观点：我们俩是感情相处，没有必要什么事情都向男人发出请求才做吧，他应该给我支持和帮助的；很多事我不说，他也应该出手。所以多数时候气愤不已，觉得对方肯定是不爱我了，不然的话怎么会不主动来帮我呢？

女人容易理所当然地觉得：相爱，那两个人根本不需要去相互请求，两个人还要请求来做事儿，那两个人还是相爱吗？

你还真不知道，男人在对方请求帮助的时候，反而更容易出手，尤其在小事情上，因为女性发出请求的本身，就是他的能力的一种体现。那"能力"，是男人最需要的、终其一生所追求的，作为女性，如果能够恰当地发出请求，既会让男人感觉更好，又能训练男人做事情帮助到自己。

请男人做事情，要把握的一个重要原则就是，你的请求一定要**直接并且简洁**。也就是说不能太含糊，绕弯子。比如说，你想请男人清倒垃圾，那你就可以直接说："请你把垃圾倒一下，好吗？"

而不是绕着弯子说："你看，你看，垃圾筒都满成这样了！"

更不能说成："垃圾筒都塞成这样了，你就不能倒一下吗？"

这三句话中，后两句不但太绕，更包含着责怪的意思。责怪是对男人的

一种否认，而"否认"从来都不是男人接受的形式。

但是第一句就不一样："你把垃圾倒一下，好吗？"这里面就包含着一种请求，包含着"我需要你的帮助"，你是被需要的。作为男人，你被需要，这是男人最需要的形式。

再比如，你很想让你男人周末带你出去玩，你就可以很直接简单地说："这个周末，你带我到郊区周边转转吧，好不好？"而不是啰唆一大段说："我们都多少个星期没出去玩过了？"

你看，后边这句话明显就是一种怨恨，尤其是这种怨恨中再夹杂着唠叨，那就更复杂了。关于唠叨，男人的厌烦程度我们前边已经介绍过了，这里就不再重复了。

"温柔地坚持"是请求的核心要诀

如果你们是很久的恋人或夫妻，也可能你们已经形成了一种相处的方式：家里事情你越做越多，他已经什么都不干了，你越发地抱怨，他越发地不做，他越发地不做，你更加地抱怨……如果情况是这样了，你就应该考虑学习如何重新让他通过干活来帮助你。

这里面重要的核心要诀是要学会"温柔地坚持"，去请求帮助。

他已经很久不做了，你当然不能像新手一样上来就派很多活儿，更不能一竿子到底，强制性地让他去做，这个时候我们要分步。

第一步，你要练习一下，先重新让他做一些他曾经帮你做过的那些事儿。

你想象一下，一直以来，这个男人他曾经帮你做过哪些事儿，或者说，还有哪些事儿是他现在也帮你做的，只是变得有些少了。我们先不管这个事是大还是小，哪怕他只帮你拿下包，提个箱子，他为家里拖过地，收拾过衣服，或者说，帮你修理过什么小物件。

想完之后，你就可以去请求这个男人尝试去做一下这些他容易做到的事儿。切记，当你的男人付出行动的时候，他帮你做了，你千万不要这是觉得小事一桩，理所当然，你要学会适当地去表达感谢、感激。

> "谢谢你老公，你下班回来那么辛苦了，还专心帮我修了下这个盒子！亲爱的，你真好，谢谢你！"

这里在请他帮助的时候，你也要注意直接明了，别搞得像说教。如果你能够做到直接明了，而且让他做的又是曾经他愿意为你做、很容易能够帮你做到的事，通常这个男人不会太多拒绝，至少不会所有的时候都拒绝。

如果他做到了，你也适当地给过感谢，那就可以开展第二步了。

第二步，对于这种熟悉的事，练习让这个男人做得更多一点。

这里面与第一步一样的是，你让他多做的这个事儿，同样要直接、简明地去提要求，只不过在很自然的方式下，换了个时间进行而已。

所不同的是，一般你重复提出这个要求时，你要做好一种心理准备，就是因为做得多男人嫌烦，他有可能会拒绝你。第二步的重点就在于，怎么处理这个拒绝。

一般的女人在对方拒绝了之后，通常都会唠叨一番，废话一番，或者讲一堆道理，甚至进行一堆指责谩骂。这里要提醒你，既然你已经预料到了，让他多做一点，他有可能会拒绝，那你就要在他拒绝之后，果断地去说："好吧，没事儿。"并投以微笑。

因为这样的话，会让这个男人感觉到他有权利拒绝你，而且拒绝之后，你也理解他，也体谅他。人在被理解体谅之后，就会心存感激，等下一次你再提请求的时候，他才可能更乐意去帮助你。

这是处理拒绝的重点所在，而本身，请求也好，拒绝也罢，本就是我们每个人的权利，也是每个人内心真实的、健康的自信反应。这个第二步最关键的阶段就是，当对方拒绝你了，你也要很友善、很果断地说："好吧，没事儿。"

在第二步上，你有了几个来回之后，等比较顺畅了，比较熟练了，你内心也能够比较平静了，那你就可以来到第三步了。

第三步，像第二步一样，你请求他支持你，帮助你做事，他也会像第二步中一样找借口拒绝你。但这次，你不是简洁大方地说"好吧，没事儿"，这次你要保持心平气和，请求完之后，等待并且坚持一会儿，直到他答应你。

因为你在第二步的时候，你说"好吧，没事儿"，男人在得逞之后，他心里就会产生挣扎，有的人会回心转意想去帮你，有的人就开始抱怨。不管哪种情况，你都不要怕，即便他开始去抱怨了，那也是他内心在苦苦地追寻一种心理的平衡。男人开始抱怨的时候，他是正准备答应你的一种前兆，如果他完全不准备答应你，他会立即很坚决地拒绝你。

所以在这样的时候，你给他一点时间，让他内心去挣扎一下是十分必要的。所以这个第三步的关键点在于，你请求完了之后，你要有一个保持心平气和的等待过程，并且坚持自己的请求，只是保持足够平静和温柔。

当然，在这个第三步的时候，刚开始很多男人即使是帮助你也是带着抱怨在帮助你，没关系，因为男人在帮你的过程当中，越是快完成、接近目标的时候，他的内心也越有一种成就感，有一种接近战利品的感觉。能为女人做点事，这是男人需要的，他愿意站出来的，这也是男人义不容辞的。

这个阶段里，女人也要回到第一步里的另一个关键点，要对男人做事及时表达欣赏和感激。当然，如果男人没有达到你的要求，你也不要抱怨，你要重新回到第二步去训练。

　　只要你领悟这三步里的核心要诀，并保持耐心，你就可以重新燃起很多
男人为你做事的一种愿望和欲望。伴随全程都不可少的就是你的温柔部分，
当男人拒绝你的时候，你体谅他，当男人完成事的时候，你感激他。温柔地
坚持，是请求男人做事非常重要的方式方法，是每个女人需要学习的。

关系改造训练13

——"温柔+坚持"的训练

练习"温柔+坚持"地向男人发出请求:

第一步,请他帮你做一件力所能及的小事,直接、明了地发请求,比如"你把垃圾倒一下,好吗?"做到后,及时给予感谢!

第二步,请他多做一些力所能及的小事,他做,重复第一步;他拒绝做,果断回答说:"好吧,没事儿。"并投以微笑。

第三步,像第二步一样,请求他支持你,帮助你做事。他拒绝的话,你保持心平气和地在请求完之后,等待并且坚持一会儿,直到他答应做。

三步可循环使用,但要注意各步骤在使用时的要点精髓。

5. 利用橡皮筋理论,轻松搞定第三者

双橡皮筋情感周期

前面我们讲了橡皮筋理论,也就是男性的亲密周期理论。遵循亲密周期的规律,做个自信的女人,就能够更赢得男人。

然而,女人也可能做出两种破坏亲密周期的行为,一是在男人弹开的时候,紧随其后;一是因为男人的逃离,而去惩罚他。在这两种情况下,男人因为没有自我修复的空间和时间,开始向外寻求满足感,这时很容易有了所谓的第三者。

现实中,婚外情、"劈腿",这样关于第三者的问题,实在不稀奇。俗话说,出过轨的男人,就像掉在屎上的百元大钞,什么感觉?不捡可惜,捡了恶心。这样的时候,女性往往是特别的痛苦,愤怒、疯狂,充满着无数的不甘心。因为让你失去的不只是一段感情,一个男人,更是会延伸到你对过去恩爱的否认,失去了一份自信。

> "过去口口声声说爱我,心里只有我,永远不会背叛我,可是现在,却是这个样子。你到底有没有爱过我?你还是我之前所认识的那个男人吗?"

一系列的疯狂和震惊后,有女人不想捡这张百元大钞了,我们先不说;也有人想捡回来,最终留住了背叛的男人。可是我们想一想,身边的人通常是用什么方式挽回这样一段关系的?

有的是对男人各种闹腾,暴力,审讯,不让他睡觉,不说清楚绝不罢

休；有的是冷战、冷漠，表面若无其事，可自己却在压抑中沉默得可怕；有的直接去找到了小三，打她，骂她，过去还有到她单位去告状的；也有的因为嫌这个男人脏，从此再不让他上床了，甚至不让进房间里睡觉……

在一切合乎情理的借口下，似乎女人怎么做都不过分，谁让他去搞外遇？可是这些方式最终换来的，却极少是理想的结果。那怎么办？怎么解读男人的第三者现象？怎么解决这种问题？

根据橡皮筋理论，如果在家里感情不融洽，或者女人不太懂得男性的亲密周期，那男人拥有两个女人会是最理想的一种状态（这里女人们先不要骂我，且听我解释），因为这种结合可以让男性的亲密周期发挥得淋漓尽致，不过大前提是这两个女人要完美配合！

我们想想看，因为亲密周期的存在，不管感情好坏，男人每隔一段时间需要寻找独立的空间静静地思考问题，同时也借这个时期去"逃离"自己的女人。当男性逃离的时候，他也需要有一个去处，那这个时候，如果有另外一个女人的存在，也就是我们所谓的第三者，就使得男性在逃离原配或正牌女友产生情感疏远期的时候，正好在另外一个女人那里得到安慰、支持、理解。

当然，在"第三者"那里也同样会有情感周期，就是说也有疏远，这时又回到原配或说正牌女友这里，来到了对第三者的情感疏远期。这样如果两边时间正好巧合，男人便在这两个女人中间，非常平衡。第三者的情感亲近期正好是原配的情感疏远期，第三者的情感疏远期正好又到了原配的情感黏合期。这种平衡对男性来讲，简直是最佳的。

搞定第三者的秘诀

然而理想永远是理想，现实不可能如此，中国并不是一夫多妻制，并且感情具有排他性，决定着这两个女人不可能有这样的配合。即便不可能如此，男人处在三角关系中的时候，也是能拖便拖，一般不会主动自愿地去打破，因为疏远期的时候虽然很需要空间，但内心却是孤独的，却更要陪伴。

所以，面对婚外感情，没有外界因素干扰的前提下，男人多是会拖着。听到很多女性说："你不逼他，他就永远就这样拖着！"这就是男人。

可问题的关键是，不打破这种平衡不行，打破这种平衡更是麻烦。比如，第三者来逼宫，让男人做选择。这时候男人就非常痛苦了，这等于说在强制拉近和第三者的距离，并强迫远离原配。从男性亲密周期的原理来说，这会更加促使男人走近原配，设法远离甚至讨厌第三者。相反，原配发现男人的婚外情后，各种尾随闹腾后，局面也更加不利于己。

你会发现在三角关系里，两个之中，谁逼得紧，也就是谁一直盯着他，这个男人反而会更加想远离你。

第三者逼得紧，说："你非要和我在一起，我要跟你朝夕相处，我要跟你形影不离。"这个男人反而想回家；原配追得紧，说："你必须和她分开，不然的话，你走到哪里，我盯到哪里，我过不好，你也别想过好。"这个时候，男人便可能离开原配。

形象一点，如果我们用橡皮筋来形容，大家脑子里可以出现一个场景：一个男人被两个橡皮筋套着，两边是两个女人牵拉着。

男人被其中一个橡皮筋收缩拉回时，比如说，被原配这里拉走，他俩靠得越近，拉的时间越长。相反，他和第三者之间的这根橡皮筋绷得越紧，张力就越强。换句话说，这个男人虽然身在家里，心却被外边那个女人拉走了。

同样的，如果作为第三者，你一直和这个男人走得很近，两个人老黏在一起，空间上都不怎么分开，那他的心也会越来越回归家庭。

基于以上双橡皮筋的分析，我们把握适当的话，便可以更好地应对第三

双橡皮筋周期

者现象。

　　很容易明白，橡皮筋越想产生张力，也就是越想拉近与一个男人的亲密距离，最好的办法不是你时刻靠近他或者逼他靠近你，而是把你的男人"放出去"，这是一种秘诀。当你越给他自由，越给他空间，越自信地放他走时，你们之间的橡皮筋张力反而越强，他越会回得快。

　　相反，越是黏着他、盯着他、抓着他，不让他有丝毫的离开，你离他越近，你们之间的橡皮筋就越没张力；而在这个时期，越是杜绝他和第三者见面，越是把他们之间的距离拉得远，他们之间的张力反而越强。所以，从经验上来讲，谁逼得紧，谁就会成为失败者。

　　当然，我知道，这个时期让你这么大方地去放他走，是一件非常困难和辛苦的事，但总好过，因为你跑过去骂了打了那个第三者，你的男人反而更加觉得你很可恶，很心疼那个女人，要好很多。

　　每一个人遇到第三者这种现象的时候，第一时间的反应都是震惊，我们也允许自己有这样的震惊和不接受期。当然，这个时期里你的反应、你的做法，也决定着未来你们感情的方向，至少我们是建议很多女性在这个时期里，先去释放自己的痛苦，等过了这个时期，恢复理性了之后，再去探讨怎么挽回这个男人，或者怎么样在不要这个男人的情况下去过好自己。

所以，这个时期里，女人你要想过好自己，长久地搞定男人，首先要学会的就是去提升自己的定力，只有自己原地不动，男人的橡皮筋才会产生张力，并被惯性拉回。当然，这也要根据男人和第三者发展的时间长短和问题性质等因素，来确定这个过程会有多久，而不是你放他一下，马上期待他回来，不然就开始争吵。

了解亲密周期理论，我们可以更好地去解读男人，对他们产生很多的宽容和理解，也能在方法上更好地去把握自己，学会怎么样和男人相处，怎么样面对背叛，为未来的感情生活提供经验。

关系改造训练14

——遭受背叛后的自我反思训练

当背叛发生已成为事实时，过了情绪的震惊和紊乱之后，我们女人最该自我思考澄清的三大话题：

1. 我男人在第三方感情中渴望得到是_____，而我却忽略了他这方面的需求。她在（1）_____、（2）_____、（3）_____等方面，确实值得我学习。

2. 如果我选择继续留在现有的婚姻中，我有信心以后让两个人的相处模式朝向积极方向发展吗？（有/没有）。有的话，信心指数是_____（0—100%）；没有的话，我最大的顾虑是_____。

3. 如果我选择结束婚姻，不管今后是否还会进入婚姻，我有信心过好以后的生活吗？（有/没有）。有的话，信心指数是_____（0—100%）；没有的话，我最大的顾虑是_____。

第四篇

男欢女爱

想造出好男人，仅把握男人还不够，还要了解男欢女爱的规律和原理，让好感情变得更加有理有据。

📂 经典的"爱情三角形"理论

📂 爱情难有完美式

📂 爱的发展阶段理论

📂 爱情里必知的八大心理效应

📂 如何慧眼读懂爱里的谎言

1. 经典的"爱情三角形"理论

爱情的三个要素

提到男女之爱，一定不可缺少要了解美国心理学家斯腾伯格提出的爱情三角形理论。

斯腾伯格的爱情三要素

爱情是由三个要素组成的三角形，三角形的三个顶点分别为亲密、激情、承诺。

亲密

亲密，是两人之间感觉亲近，温馨的一种体验。它是两个人心理上互相喜欢的感觉，可以看作是大部分而非全部地来自关系中的情感性投入，包括亲近、分享、交流和支持等。

激情

激情是想要和对方亲密结合的状态，每次见到对方的时候，都有一种怦然心跳的感觉，和对方相处，紧张感加剧，是一种兴奋的体验。它是强烈的、爆发式的，产生的时候会非常强烈，但是作用时间短。

相关研究显示，当我们看见一个自己钟情的人，大脑内有12个区域开始活动，大脑内产生欣快感的化学反应立刻进行，这个过程只需要1/5秒。当看着或者只是想着自己爱的那个人，这些区域开始分泌一群神经传导因子，遍布大脑，包括多巴胺、肾上腺素、催产素等。这些反应相当于接受一小剂可卡因注射的效果。

激情能够激发人的潜力，使人的意识和分析能力变低，可以看作是情绪上的着迷。个人外表的和内在的魅力是影响激情的重要因素。

承诺

承诺个人内心或口头对爱的预期，可以看作是大部分而非全部地来自关系中的认识性的决定与忠守，是爱情中最理性的成分。

承诺由短期的和长期的两方面组成。

1）短期方面，就是做出爱不爱一个人的决定。

2）长期方面，则是做出维护爱情关系的承诺，包括对爱情的忠诚、义务感或责任心。最直接的承诺就是结婚誓词里说到的"我愿意!"，短短三个字，但却是一种患难与共、至死不渝的承诺。

现实中，两个方面的承诺不一定同时具备。比如决定爱一个人，但是不一定愿意承担责任，或者给出承诺；又或者决定一辈子只爱他，但不一定会说出口。

在一段长期的感情关系中，承诺最初逐渐增加，而后快速发展变得稳定。

激情、亲密和承诺共同构成了爱情，缺少其中任何一个要素都不能称其为爱情，正如三点确立一个平面，缺少任何一个点，这个唯一的平面就不存在。

爱情的七种类型

由激情、亲密、承诺三个要素单一构成或多要素组合，构成了喜欢式爱情、迷恋式爱情、空洞式爱情、浪漫式爱情、伴侣式爱情、愚蠢式爱情、完美式爱情等七种类型。

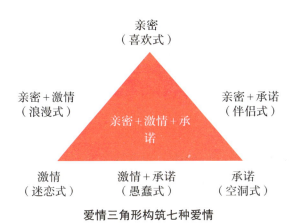

爱情三角形构筑七种爱情

喜欢式爱情

只有亲密，没有激情和承诺，在一起感觉很舒服，但是觉得缺少激情，也不一定愿意厮守终生，如友谊。

显然，友谊并不是爱情，喜欢并不等于爱情。不过友谊还是有可能发展成爱情的，尽管有人因为恋爱不成连友谊都丢了。

迷恋式爱情

只有激情体验，没有亲密和承诺，认为对方有强烈吸引力，除此之外，对对方了解不多，也没有想过将来，如初恋。

第一次的恋爱总是充满了激情，却少了成熟与稳重，是一种受到本能牵引和导向的青涩爱情。

空洞式爱情

只有承诺，缺乏亲密和激情，如纯粹地为了结婚的爱情。

此类"爱情"看上去丰满，却缺少必要的内容，金玉其外，败絮其中。

浪漫式爱情

有亲密关系和激情体验，没有承诺。这种"爱情"崇尚过程，不在乎结果。

伴侣式爱情

有亲密关系和承诺，缺乏激情。跟空洞式"爱情"差不多，是四平八稳的婚姻，只有权利、义务，却没有感觉。

愚蠢式爱情

只有激情和承诺，没有亲密关系。没有亲密的激情顶多是生理上的冲动，而没有亲密的承诺不过是空头支票。

完美式爱情

同时具备三要素，包含激情、承诺和亲密。只有在这一类型中才能看到爱情的庐山真面目。

这些爱情类型前面之所以都加了一个"式"字，是因为前面列举的六种都只是类似爱情，在本质上并非爱情，只有第七种才是爱情。只是现实生活中碰到的这种似是而非的爱的情形很多，以至于把具备三要素的爱情基本当作是一种超现实的理想状态。

　　由三要素构成的爱情三角形可以是平衡的正三角形，即各个要素均衡协调的感情，也可以是不平衡的三角形。当然，还有另外一种类型叫作无爱，就是三个因素都不具备。其实很多包办婚姻属于这种类型。

关系改造训练15

——爱情类型和等级评估训练

请对你的爱情三角形进行评估，并根据你们之间的关系状况，写出具体依据：

我的爱情属七种类型中的：

☐ 喜欢式爱情　☐ 迷恋式爱情　☐ 空洞式爱情　☐ 浪漫式爱情

☐ 伴侣式爱情　☐ 愚蠢式爱情　☐ 完美式爱情

在爱情的三种要素中，我分别打分为（0—100分）：

1.亲密：＿＿＿＿＿分，因为＿＿＿＿＿＿＿＿＿＿＿＿＿＿＿＿＿；

2.激情：＿＿＿＿＿分，因为＿＿＿＿＿＿＿＿＿＿＿＿＿＿＿＿＿；

3.承诺：＿＿＿＿＿分，因为＿＿＿＿＿＿＿＿＿＿＿＿＿＿＿＿＿。

我近期改善感情关系，重点将会从＿＿＿＿＿＿、＿＿＿＿＿等方面着手进行。

2. 爱情难有完美式

完美的爱情并非易事

斯腾伯格的爱情三角形理论中,激情是爱情的发动机,没有激情,爱情就缺少了生存和发展的原动力;亲密是爱情的加油站,没有了亲密,爱情就容易没有延续力;承诺是爱情的保险单,没有了承诺,爱情就多了几份危险,时刻有崩溃的可能。

斯腾伯格之所以把具备三个基本要素的爱情称为完美式爱情,是因为建立一段稳定、持续的爱情需要双方共同的努力和经营,是一项贯穿人生的浩大工程。而且,即便具备三个要素并不意味着爱情就成为现实,爱情需要更多的智慧来调节这三者的关系。

从这三个构成要素来看,要找到并享受真正的爱情不是一朝一夕的事。许多人以为他们正在谈恋爱,拥有一个好婚姻,殊不知那并不是爱情,原来谈了场假恋爱,根本就是缺少元素的婚姻。

激情的吸引由外在美开始,如果一方只欣赏另一方的外在而不关心内在,那两人的关系还是比较肤浅的。即便说喜欢,也不代表真的想和对方交往,可能只是喜欢而已,或者仅是激情在起作用。

现实中单身的人越来越多,找到真爱越来越困难,在一定程度上,这些人是对理想爱情近乎顽固地执着。他们既是爱情最后的信徒和守候者,也可能是爱情的牺牲者,为"真爱"不惜配上自己的黄金年代。

或许,在某些人看来,这是执迷不悟,但对他们而言,爱情绝对是苛刻的,而不是凑合的,更不是随便的。

因此,大多数人都离理想爱情还有一段永远无法克服的距离,爱情对我们来说就是一个不断迫近的目标和不断改变的体验。

爱需要勇气，更需要能力和智慧，没有能力的勇气，有心无力，没有智慧的能力，南辕北辙。所以，好感情未必是等具备了这三要素以后才开始。

到底什么才是真爱

理想是一回事，现实又是另一回事。因为在爱情的三个要素里面，除了激情之外，亲密和承诺的实现都需足够的时间才能转化为现实，不是一蹴而就的事情。即使是激情，要维护也不是一件容易的事，但人们常常忽视了这一点。

一开始促使我们在一起的主要是激情因素，所以在爱情发展之初，激情水平是最高的，相对来说亲密水平较低，承诺水平也较低甚至没有。

我们总以为花前月下，阳光沙滩，温情浪漫是爱情的主体甚至全部；我们还以为，相爱的人在激情淡去，像亲人一样慢慢就没有爱情了。其实从激情满怀到平平淡淡，才是真正爱情的开始。

随着相处时间变长，激情会随着新奇感等因素的减弱而不可避免地不断下降。所以，只建立在激情基础上的爱情是比较脆弱的。但是，如果关系维护得好，亲密和承诺水平会随着时间逐渐提升，成为支持爱情长久的主要因素。

亲密关系中，从如胶似漆到矛盾冲突，并不是爱的消失，而是爱升级的信号。籍由此，慢慢更加了解彼此，进一步展开理解、支持、分享的亲密互动模式。承诺是要经历过温暖和亲密之后，有了足够的交往时间才可靠。

爱情不是一件容易的事情，促使人们在一起的爱并不一定是几十年之后依旧牵手同行的爱。亲密和承诺比激情更为稳定。

因此，任何期望永久的激情或永不受挫的亲密到头来都是会必然失望。婚姻关系的最好状态是双方共同负责，一起相互理解、巩固、维护共同关系。

关系改造训练16

——爱情与喜欢自评量表

"喜欢"与"爱情"你分辨得出来吗?

不管你是否恋爱,试着根据自己的情况或想法勾选下列符合目前实际状况或对爱情憧憬的项目,符合记1分,不符合记0分。

1. 他(她)情绪低落的时候,我觉得很重要的职责是使他(她)快乐起来。

2. 在所有的事件上我都可以信赖他(她)。

3. 我觉得要忽略他(她)的过失是一件很容易的事情。

4. 我愿意为他(她)做所有的事。

5. 对他(她),我有一点占有欲。

6. 若不能跟他(她)在一起,我觉得非常不幸。

7. 假使我很孤寂,首先想到的就是去找他(她)。

8. 他(她)幸福与否是我很关心的事。

9. 他(她)不管做什么,我都愿意宽恕。

10. 我觉得他(她)得到幸福是我的责任。

11. 当和他(她)在一起的时候,我发现我什么事情都不做,只是用眼睛看着他。

12. 若我也能让他(她)百分之百信任,我觉得十分快乐。

13. 没有他(她),我觉得难以存活下去。

14. 当和他(她)在一起时,我发觉二人都有相同的心情。

15. 我认为他（她）非常好。

16. 我愿意推荐他（她）去做为人尊敬的事。

17. 以我看来，他（她）特别的成熟。

18. 我对他（她）有高度的信心。

19. 我觉得什么人和他（她）相处，大部分都有好印象。

20. 我觉得他（她）和我很相似。

21. 我愿意在班上或集体中，做什么事都投他（她）一票。

22. 我觉得他（她）是许多人中，容易让别人尊敬的一个。

23. 我觉得他（她）是十二万分聪明。

24. 我觉得他（她）在我认识的人中，是非常讨人喜欢的。

25. 他（她）是我很想学的那种人。

26. 我觉得他（她）非常容易赢得别人的好感。

评分标准：

符合记1分，不符合记0分，前13个题目得分加总得爱情分量表总分，后13个题目得出喜欢分量表总分。

结果解释：

爱情分量表总分高于喜欢分量表，你对他（她）的感情以爱情居多，你很关心他（她），愿意为他（她）去付出，你对他（她）有很强的依赖性和占有欲。

喜欢分量表总分大于爱情分量表总分，你对他（她）的感情以喜欢成分居多，你对他（她）印象很好，很喜欢他（她）身上的东西，对他（她）很欣赏，很崇拜。

3. 爱的发展阶段理论

想造出好男人，仅了解男人还不够，好感情来了，如果误读了爱情的阶段，也容易将好男人遗失在萌芽中。所以，我们这里来介绍下爱的发展阶段理论。

爱情三阶段理论

心理学家Murstein认为亲密关系的发展，依据双方接触的次数多少分为刺激、价值和角色三阶段。

刺激阶段

通常双方第一次的接触即属于刺激阶段。在这个阶段中，双方彼此间互相吸引，主要建立在外在条件上。比如，被对方的外貌或身材所吸引。

价值阶段

一般而言，双方大约第二次至第七次的接触，便属于价值阶段。在这个阶段中，彼此情感上的依附，主要是建立在彼此价值观和信念上的相似。

角色阶段

通常双方大约第八次以后的接触，便开始属于角色阶段。在这个阶段中，彼此对对方的承诺，主要建立在个体是否能成功地扮演好在此关系中对方对自己所要求的角色。

虽然Murstein认为亲密关系包含刺激、价值、角色三阶段，但其实在每个阶段中，这三种因素对关系都有影响；只是在不同阶段，各有一个因素是最主要的影响因素。

从整个关系的发展历程来看，刺激因素一开始占较高的比重，之后随着接触次数的增加而逐渐上升，但所增加的幅度很小，最后会趋于一个平稳的水准；价值因素虽然一开始时的比重较低，但随着关系发展至价值阶段的时候，这个因素的比重会迅速提高；同样的，角色因素一开始最低，到角色阶段则会超越其他两个因素，且随着关系的继续发展，其比重也会不断地往上提升。

爱情四阶段理论

有位心理学家曾提出，一个成熟称得上真爱的感情必须经过四个阶段：共存、反依赖、独立、共生。阶段之间转换所需的时间不一定，因人而异。

这个理论可以很好地解释和预防爱情发展过程中的很多现象。

阶段一：共存

这是热恋时期，爱人之间不论何时何地总希望能腻在一起。

阶段二：反依赖

等到情感稳定后，至少会有一方想要有多一点自己的时间做自己想做的事，这时另一方就会感到被冷落。

阶段三：独立

这是第二个阶段的延续，要求更多独立自主的时间。

阶段四：共生

这时新的相处之道已经成形，你的他已经成为你最亲的人。你们在一起相互扶持、一起开创属于你们自己的人生。你们在一起不会互相牵绊，而会互相成长。

遗憾的是，大部分的人都通不过第二或第三阶段，而选择了分手。这非常可惜，因为既然这个阶段是必须的，就意味着它几乎发生在每一对感情上，可却被很多男女觉得是对方不爱自己了，心变了，其实很多事只要带着信任好好沟通就会没事的。

4. 爱情里必知的八大心理效应

很多人说爱一个人没有理由，但其实很多爱情现象的产生是可以解释的。下面我就给大家介绍一些常见的心理效应，解答诸多爱情的难解之谜。

吊桥效应
——心动未必是真爱

当一个人紧张到心跳加速的时刻走过吊桥，抬头发现了一个异性，这时最容易产生一见钟情的感觉，因为吊桥上提心吊胆引起的心跳加速，会被自己误以为是看见了命中注定的另一半而产生的反应。

在美国曾经进行过一个试验，实验者让很多人走一座位于高处且看上去非常不安全的吊桥，然后让这些人与一位对象见面，结果约有八成被试表示见到的对象非常有魅力，这就是有名的"吊桥效应"。原因是大部分人把横渡吊桥时因为紧张所致的口渴感，以及心跳加速等生理上的兴奋误认为性方面的冲动，自以为对对方产生了兴趣。

罗密欧与朱丽叶效应
——爱情关系越被阻止越坚牢

莎士比亚的经典名剧《罗密欧与朱丽叶》中，罗密欧与朱丽叶的相爱由于双方世仇，他们遭到了家庭的极力阻碍。但压迫并没有使他们分手，反而使爱得更深，直到殉情，成为轰轰烈烈誓死不渝爱情的典范。

所谓"罗密欧与朱丽叶效应"，就是当出现干扰爱情关系的外在力量时，爱情双方的情感反而会加强，关系也因此更加牢固。

黑暗效应
——光线昏暗的地方更易产生好感

在光线比较暗的场所，爱的双方彼此看不清对方表情，就很容易减少戒备而产生安全感，所以这种情况下，彼此产生亲近的可能性会远远高于光线比较亮的场所。心理学家将这种现象称之为"黑暗效应"。

社会心理学的研究发现，在正常情况下，一般的人都能根据对方和外界条件来决定自己应该掏出多少心里话，特别是对还不十分了解但又愿意继续交往的人，既有一种戒备感，又会自然而然做些掩饰，把自己弱点和缺点尽量隐藏起来。因此，这时双方就相对难以沟通。

当黑暗登场时，对方感官一定程度变弱，自己便危险变小，表情不需要安排，便自然而然地自我流露；而自己的感官也变弱后，我们就会变得脆弱而敏感，倾向于在黑暗中抓住同伴的安全感，这种吸附性非常强。所以说，黑暗效应就产生了。

首因效应
——第一印象为什么那么重要

首因效应也叫首次效应、优先效应或"第一印象"效应，指第一次交往中给人留下的印象，很容易在对方的头脑中形成并占据着主导地位的效应。

第一印象作用最强，持续的时间也长，比以后得到的信息对于事物整个印象产生的作用更强。所以感情交往过程中，两人初次相会，这个

"第一次"往往关乎全局，决定着两个人是否还会有下一次，是否还会有将来。

同时也提醒我们，于攻，我们需要注重穿着打扮、言谈举止等，注意投其所好；于守，我们要注重理性分辨，不以貌取人，注意淡化瞬间感受。

契可尼效应
——为什么初恋最难忘

心理学家契可尼做了许多有趣的试验，发现一般人对已完成了的、已有结果的事情极易忘怀，而对中断了的、未完成的、未达目标的事情却总是记忆犹新。这种现象被称为"契可尼效应"。

"契可尼效应"经常会跟初恋联系在一起。我们总在不知不觉的好感和朦胧的不确定性中接触第一个所爱的人，希望能与对方长久地待在一起，这是大多数人初恋的心态。但是初恋，毕竟是恋爱的起步，它来得容易去得也快。

尽管如此，初恋的感觉仍旧令人回味无穷甚至刻骨铭心。因为初恋往往是一种"未能完成的""不成功的"事件，它的未完成反而更使人难以忘怀，这一最先的印象会直接影响到我们以后的一系列爱的行为。

多看效应
——脸皮厚更容易擦出爱的火花

心理学家查荣茨做过这样一个实验：他向参加实验的人出示一些人的照片，让他们观看。有些照片出现了二十几次，有的出现十几次，而有的则只出现了一两次。之后，请看照片的人评价他们对照片的喜爱程度。

结果发现，参加实验的人看到某张照片的次数越多，就越喜欢这张照片。他们更喜欢那些看过二十几次的熟悉照片，而不是只看过几次的新鲜照片。也就是说，看的次数增加了喜欢的程度。

这种对越熟悉的东西越喜欢的现象，心理学家后来把它称为"多看效应"。所以，脸皮厚，死缠烂打更容易擦出爱的火花不无道理。

俄狄浦斯情结
——为什么他会爱上大龄的你

俄狄浦斯情结又称恋母情结。精神分析学的创始人弗洛伊德认为，儿童在性发展的对象选择时期，男孩倾向于以母亲为选择对象，而女孩则以父亲为选择对象。在此情形之下，男孩早就对他的母亲发生了一种特殊的柔情，视母亲为自己的所有物。

所以，有些男人长大成人后找老婆就是在找"妈"，要的是女人给他温暖的感觉，当他放低戒备，觉得自己像小孩儿的时候，他就已经被俘虏了；而女人多是渴望宽厚无私的爱和照料，宛如母亲般伟大的爱。

无论是姐弟恋，还是萝莉找大叔，都是俄狄浦斯情结的体现。

拍球效应
——吵架为什么会越吵越凶

用球拍打球时，用的力气越大，球就跳得越高。也就是说承受的压力越大，人的潜能发挥程度就越高。反之，人的压力较轻，潜能发挥程度就较小。

吵架时人是压力的感受者，也是压力的施予者。如果爱人之间吵架有一方先冷静，事情的结局就会要好很多。

5. 如何慧眼读懂爱里的谎言

身体会说话，感受能识谎

在婚恋情感中，虽然亲密关系的双方都渴望无限坦诚，但有意无意的谎言却都会或多或少地存在。不小心爱上渣男、腐女的故事很是常见，但在感情结束时，受伤害的一方往往会说："我早就应该知道的，可我竟然一次一次相信了他。"

所以，关键的时候如何读懂爱里的谎言还是十分必要的。那如何识别爱人的话中话，如何分清爱人给的是承诺还是虚幻的未来呢？如下这些方法是你必须要了解的。

语言和动作的不一致

每个人在说每句话的时候，都会伴随语言有一定动作的配合，或大或小。

比如，你对一件事很认可时，你会一边嘴上认同，一边进行点头！

你可以想象这样一个镜头：

> 一个女人拿着电话，嘴上说："哎呀，这个事情我听到以后好悲伤，真替你难过。"但说的时候却跷着二郎腿，还晃着脚。

这可能吗？一个很难过的人是不可能晃脚的，因为一般晃动意味着开心得手舞足蹈，或者因为焦虑而晃动。

这就说明她的语言和动作是不一致的，我们就能以此识别出她肯定在说谎。因为人们心情沉重的时候，脚是动不起来的，而感到愉悦轻松的时候，脚就会不由自主地动。比如，很高兴的时候，会优哉悠哉地跷着二郎腿。

再比如，你男人告诉你，今天他和朋友在公司右边的一家饭店吃饭，可当他说右边的时候，手却不自然地指向了左边，那也是一种不一致。

他说很爱你，很想你，当你走向前去，他却后撤身体，或者做出抱臂的动作，本能性地保持距离，这肯定是他对自己的一种本能性保护，说谎的概率极高！

诱发性提问

我们可以通过诱发性提问，去观察对方的反应，进而识别谎言。什么是诱发性提问，先给大家举个例子。

你去买电视机，这时问老板："这款电视机前一段时间不是在网上获奖了吗？还获得了一等奖。"

实际上你心里非常清楚这款电视机并没有得奖，只是想通过这样一个问题试探这个老板的诚实度。

如果这个老板说："是啊，这电视可好了，所以获得第一名了，你赶紧买吧！"那么你就能在心里对这个老板的可靠度有所了解了。

如果对方说："没有啊，什么时候获得的第一名？好像没这回事哦！"这马上就能测试到对方应该是比较值得信任的。

这样的诱发性问题，同样可以用在对你男人的测试中。比如，你不确定爱人今天是不是如他所说的，去了某城市出差。你就可以设置一个诱发性问题：

　　"听朋友说，今天那里下了大暴雨，到处都积水，他自己的车子都被水淹了，亲爱的老公，你今天没事吧？"

看似关心的问候，背后其实是故意在声东击西地问他另外一个问题——

那个城市下大雨了吗？而事实是你随机编造的问题，那个城市压根没下雨。

对方回应的答案里必然会有你想要的答案。当然，如果可以看得见，在这个过程中还可以观察对方身体的一些反应，包括微动作、微表情的变化。

真实的自我感受

当我们同爱人交流的时候，我们自己真实的感受也会帮助我们识别对方的谎言。先给大家聊两个心理学实验。

实验一：实验者找了一些小朋友，让他们看《猫和老鼠》的动画片，动画片里加入了一张一个男人在踢狗的图面，但是图片是一闪而过的，人几乎察觉不到。

看完之后，有两个男人走进房间，其中一个就是图片中踢狗的人，结果所有的小孩都不找他玩，而找另一个人。这些小孩子也说不出原因来，他们只是本能地不喜欢那个人。

实验二：让一群老外挑选自己喜欢的中文字卡。

研究者在两张中文字卡之间以极快的速度加入另一张图片，开始加的是一张笑脸，这个时候，大家喜欢中文字的比率占到了70%；而当他们插入的是哭脸时，被试者喜欢中文字的比率就下降到了30%。

这两个实验说明：我们的感觉系统会自动收到很多信息，有的信息非常明确，有的信息并不明确，但是这些不明显的信息虽然没有被我们意识领域所明确觉察，但却真实地潜存在无意识领域里，会影响我们的决策。很多时候这被我们称之为"直觉""第六感"。所以不少人喜欢用直觉去做判断，甚至还很准确就是这个原因。

事实上，"第六感"是有很强的理论基础的，因为那些让我们产生好坏感觉的东西会和一定的画面或场景产生联结，形成一定的条件反射，从而形成我们的行为倾向性。

第六感，的确存在于我们的潜意识里面，不是在意识层面，所以我们感受不到它的存在，但是它确实是真的存在。

所以，人最终还是要尊重自己的感受，它跟听觉、味觉、视觉、嗅觉和触觉等息息相关，跟我们接触到的很多信息有关系。恰恰女人通常就是感受类动物，所以经常有很敏锐的感受。

有时觉得老公最近不对劲，表面看觉得莫名其妙，但其实往往是因为一定的线索，只是自己可能也没有明确地觉察到是因为什么具体线索。所以，这种感觉，是给我们一种提示——或许我需要注意些什么了，比如近期在和他相处中的细节，需要自己做观察了。

当然，也要提醒伙伴们，在情感婚姻中，我们虽然要尊重自己的感受，却也不能完全只依据感受，毕竟它只是一个部分。

爱人之间要完全透明吗

虽然一些方法能帮助我们认识谎言，但也请注意，这些只能为参考，尤其对于初学者！因为识别谎言是一个技术活，需要多方面综合而论，在你没有掌握得非常熟练之前，不要轻易地做出决定性的判断。

另外，我们也不要像侦探一样在生活中只盯着对方说没说谎，这样很可能会适得其反。我们的确可以训练自己的观察力，但千万不要捕风捉影地去制造一些不必要的问题。爱人之间要完全透明吗？面对爱人的掩饰和借口理由，我们也需要多关注一些视角。

比如，他是出于善意吗？他是担心或知道如果让你了解真相，会使得你更加痛苦？还是说，他想要牟取自己的利益，所以不让你知道实情，甚至想加害于你？

　　还有，你为什么想要知道真相？仅仅是因为你好奇，还是你想要通过了解真相来改善和对方的关系，抑或真相与你的利益密切相关，所以你非知道不可？

　　真的一定要知道真相吗？你真的需要对方在你面前完全透明吗？这让我想起一句话：结婚之前睁大眼睛，结婚之后要学会睁只眼闭只眼。我想闭眼的背后不是我们真的傻傻地闭眼，而是看破了并没有点破。毕竟有时候，真相意味着毁灭。也许知道了真相，你们的关系也就此终结了。

　　研究表明，在伴侣之间，平均有10%的互动都包含欺骗的成分。其中有些不真诚是精心策划说出口的，有些只是脱口而出的，可能连说谎者自己都没有意识到。多达92%的人承认，他们曾对自己的伴侣有过不真诚行为。

　　其实我们很清楚，要做到在生活中所有事都不向对方撒谎是很困难的事情。

　　必要的掩饰，或者叫善意的谎言非常普遍地充斥于亲密关系每一个阶段之中，这不过是为了避免发生可能的冲突，维护两人的关系，在某些时候，它们反而对我们的感情有所助益。

　　所以，在考量要真话还是要真爱这个问题时，若把它放在如何处理好你们的关系这个大框架中，当你清楚了自己到底要什么，不要什么，很多答案也就清晰了。

　　另外，人容易被美丽的言语所迷惑，也不仅是因为说谎的人本身有多高的本事，也因为人类本身就容易相信那些粉饰迷离的故事。

　　有时候那些编造出来的故事听起来比真实更加美好，符合你认同的别人的标准，所以你忽略了自己的真实感受；也可能你发现被蒙蔽后，选择继续自我欺骗下去，因为不知道还有什么别的办法应对；还可能你害怕美丽故事被拆穿后，不知道如何去承受造成的伤害，毕竟背叛所带来的创伤比地震海啸等自然灾难带来的创伤更深厚。

最后，说了这么多关于别人说谎的话题，我们可别忘了，我们自己就是别人眼中的别人，或许"我是个诚实的人"这句话本身才是最大的谎言。回忆一下，你说过谎吗？

比如这些话：

"撑死了，今天晚上不吃了……"

"我明天一定早起！"

"其实我对男人要求不高，对我好就行。"

"我没事"……

这里面有你曾经说过做过的熟悉场景吗？

关系改造训练17

——表达真诚自信的身体语言训练

建议每天2—3次，每次1分钟，来觉察和调整以下10种肢体动作。

1. 交流时，尽量避免双手环抱在胸前；

2. 保持眼神交流，但是不要盯着对方；

3. 人与人之间保持一定距离，双脚不要紧闭；

4. 放松你的肩膀，减少弯腰驼背；

5. 当听对方发表意见的时候，轻微点头以表达尊敬；

6. 如果对对方的话语很感兴趣，身子可以轻轻前倾；

7. 不要不断地触摸自己的脸，这只会让你觉得紧张；

8. 保持目光平视，不要把目光集中在地上，给别人一种不信任的感觉；

9. 放慢速度可以让你冷静，减少压力；

10. 不要一边说话，一边身体远离对方。

第五篇

魅力提升

把握男人的心理和了解爱的理论后，女人最重要的就是让自己由内而外绽放出更多魅力。

从语言到肢体，从情感到认识，全方位完胜男人。

📂 女人力让女人更有魅力

📂 爱自己是一切爱的开始

📂 女性情感认识里的六大误区

📂 令男人无法抵挡的十大肢体语言（上）

📂 令男人无法抵挡的十大肢体语言（下）

1. 女人力让女人更有魅力

反差融合造就无限魅力

当一个人身上所散发出来的气质、展现出来的技能、体现出来的水平，与其固有形象形成强烈反差时，会产生一种强大的反差力。如果这种反差是正向的，那正向特质再加上反差力，会产生了不起的魅力，这是反差融合所致！

比如，一个装扮和气质像歌唱家的人上台，张口就是专业性的高音，大家只会觉得她很专业很有水平；但如果是一个卖菜大妈装扮的大婶，圆滚的身体，素颜的脸庞，一开腔却显出女高音的感觉来，那瞬间会迎来全场震撼的掌声。这就是反差融合力。

每个人的行为和风格，客观上应该对应自己特有的角色表现以及他人对角色的期待。这是由人们对别人的刻板印象所决定的，是什么样的人就该做什么样的事，时间一长了我们就认为这个人就应该是这样了。

打破这种印象，尤其是形成强烈对比的时候，就形成了巨大的反差。这种反差并不是一个人身上的两种极端，而是以强烈反差来形成鲜明印象，会极大地为个人形象加分或减分。

反差融合力，好像是一种无形间升腾起来的个人魅力。从外而言，它让我们有别于人，从芸芸众生中一跃而出展现鲜明招牌和个性标签；从内而言，它不过是在呼唤世上另一个自己，让内在的生命更多元、丰富、生动、有趣……

比如，一个看上去很文静甚至很文弱的女孩子，遇事爆发出强大的毅力，我们会更加充满钦佩，并为其个人的魅力所折服。

再比如，看到一个日常非常智慧稳健的人偶尔犯傻，我们不但不会发出嘲笑，反而会认为这种小瑕疵增加了这个人的迷人程度。

完美中有缺点是如此，会增加真实感；强悍中有示弱是如此，会增加亲近感；聪明中有犯傻是如此，会增加与之交流的趣味。

反差融合力不是力量手段，它是一种生命的张力，是一种生命姿态。无论是谁、在什么样的位置，都要勇于突破自我，让生活更加多元，这样才会既愉悦自己、丰富内心，又向外拓展、探索世界，永远保持一种向上的生命力。

女人力让女人更女人

女人力就是作为女人的最大魅力和吸引力！

女人力既需要通过女人独特的柔情来体现，也会通过与男性的互动达到让男性很高的满意度来体现。女人力使女人更女人。

女人力＝柔情＋独立

柔情和独立，既综合了两种个性的美好，同时又形成了反差融合力。

前边也说了，女人最大的性能按钮是"关系"需求的满足。而"柔情"对女人而言可以最大限度地换得关系，柔情下可以尽情地交流情感，也可以努力倾听，温柔似水，又款款深情。同时，柔情又衬托出了男人的硬气，给男人一种强大的存在感。所以，千百年来，温柔似乎都成了好女人的标签。

然而，不得不说的是，做女人只有柔情还不够。感情建立之初，形影不离地黏在一起，会给男人超级好的感觉，仿佛这个世界上他是你唯一离不开的人。但从与男性互动的角度上来说，因为男人并不喜欢女人限制他的自由，侵入他的沉默空间，纠缠他的短暂回避，所以，经历一定时间的相处之后，不独立的女人就会令大多数男人厌烦。

爱商高的女人，总是会主动地给男人一些空间，让他有自己的圈子和交往，或者是给他一些时间，让他去面对自己的内心世界，这正是男人所向往的。因此，独立的女人对男人来说一定更加多了吸引力。

对女人来说，建立关系和维系关系的一大杀手便是"失去自我"。很多女性在爱情里会不由自主地讨好，或者自然地把全部重心转移到男人和家庭上，甚至渐渐放弃了自己原先的爱好、梦想，退出了原来的圈子，冷淡了过去的朋友。

爱一个人是可以全情投入，但当爱到没有了自我的地步，眼里心里全是对方，没有了原则和底线的时候，很遗憾，这样的爱带来的后果往往不尽如人意。

当我们女人活得没有独立性、失去自己的时候，你便再也不会有魅力了，成了任由对方掌控、摆布的"附属品"，如同没有个性、廉价的"物品"一样。

有些女人婚后会怪男人冷淡或者变心，殊不知男人心里也叫苦："我明明爱上的是你当初的样子，怎么和我结婚以后你就不再是那个样子了呢？"

凡事追随男人、以男人为中心的女人是无趣、无魅力的。有女人力的女人知道自己喜欢什么、想要什么，会享受与男人在一起，柔情似水，同时也有自己的梦想、爱好和坚持。

关系改造训练18

——通过变换练习，提升两性激情

如果你平时是一个比较传统的女性，偶尔新奇的改变会更加充满吸引力，因为这既是反差融合的魅力，又有新鲜感的刺激。

对于保持激情来说，新奇性是很重要的因素。获得新鲜感最直接的方法就是要学会变换。女人不换方式，男人就很容易去换人。

比如：你可以变换家里的摆设，变换自己的形象衣着，变换性爱的姿势、场所等。

请罗列出三种以上适合你的变换方式：

1.（例）和心爱的男人偶尔出去开开房　　　　　　　　　　；

2.（例）不爱穿高跟鞋的人，偶尔穿上细高跟鞋　　　　　　；

3.＿＿＿＿＿＿＿＿＿＿＿＿＿＿＿＿＿＿＿＿＿＿＿＿＿＿。

······

注意，每个人根据自己的现有条件去变换，不管是量变还是质变，哪怕只是换一张开机屏保，只要用心去发现，总会有变换的方式！

2. 爱自己是一切爱的开始

珍爱自己才能真爱他人

每个人的人生都需要懂得为自己而活，这不是要我们去自私，但一定要明白，不能够自爱的人，是无法真正爱别人、爱社会。

因为"我"是一切的根源，要想爱身边的一切，必须从爱自己开始。

这就好比说，一个人要把爱给别人，用营养液来滋养别人，首先你自己需要储备足够的营养液；即便如此，若想持续地给别人滋养，你还需要自身拥对营养液的衍生能力。

所以，我们都要懂得爱自己，只有懂得珍爱自己了，对他人的爱才更有意义，才能实在地真爱别人。

生活中，我们很容易去评价别人爱的方式对错与否，却很少去关注对自己的爱。要知道，爱自己不是自我中心，爱自己也并非让人自私；爱自己不是纵容自己，爱自己也不是让人只爱自己。

爱自己，从心理学角度来说，就是一个人能够愉悦地接纳自己。不仅爱自己的优点和长处，也能接纳自己的缺点和短处；不仅能接受自己的成功和辉煌，也能接受自己曾经的失败和错误；不仅能接受自己关于未来的梦想，也能接受自己也许不那么尽如人意的过去。

爱自己，是基于认清了自身，知道自己想要什么，适合什么，用爱商紧握着自己的命运，把命运掌控在自己的手里，按照自己想要的人生轨迹去绽放自己、绽放生命！

有些人自以为很爱自己，但不是对的方式，却在伤害自己；有的人以为还算爱自己了，但事实上，根本还是不算爱自己；有的人以为只要爱他人就能让他人爱自己，但这世上有谁能比自己更方便爱自己？有谁比自己更懂得自己想要的一切？给自己的爱，是任何人也无法代替的，也是获得他人爱的基础。

很多女人不懂爱自己，从工作到照顾家，累死累活，每天穿着睡衣出入菜市场和小区，买菜、做饭，日复一日年复一年围着厨房转。我们觉得很爱自己的家，然而当和衣着光鲜的老公出门时，外人却以为我们是家里的保姆，憔悴不堪，本该享受爱情的阶段，却被生活给无情地糟蹋了。

爱自己是由内而外的绽放

如果我们不懂得爱自己，勤奋努力、贤惠善良反会成为笑柄。试想，在这个世界上，如果一个人连自己都不爱自己，还有谁会真爱你，还能指望谁更加珍爱你呢！

爱自己是由内而外的绽放，外在要用心关注自己的身体状况，内在要懂得关注内心的感受。

很多女人生活慵懒，对自己各种不爱惜，身材臃肿变形，一边喊着要减肥，一边控制不住暴饮暴食；从来不懂得保养自己，不说不敷面膜，不懂护肤，就连内衣都洗得发黄褪色都不舍得扔掉换新。心里奢望男人爱上你的"重量"，却不知自己的节俭导致男人把钱花在其他女人脸上。

不仅是外在，爱自己我们更要懂得关注自己的感受。不管任何人，当我们把自己看得很卑微，逆来顺受，纵容对方践踏自己的自尊和人格的时候，我们就再也没有底线了。

从来没有真正问过自己的内心到底怎么想？要什么？这是不爱自己的最大表现！

我们经常会看到这么一种现象，有的女士平时盼着老公送礼物，送惊喜，而一旦当老公舍得花笔银子买来价格不菲的礼物，比如包、珠宝首饰时，你又觉得这些东西不实用，心疼老公赚钱太辛苦，舍不得让老公花钱买这么贵重的东西，甚至你埋怨老公"不必买这么华而不实的东西"，不能做到欣然接受老公送上的爱和惊喜！

表面上看，你是一位朴实顾家的女人，或许另一面也是其内心觉得自己不值得的一种反应。爱自己，就要首先认为自己值得，学会去接受男朋友、老公的温暖、支持和爱，甚至是主动"索要"！

每一个生命只能为自己负责，对自己负责，包括爱。我们学会爱自己了以后才会更懂得爱他人。永远不要忘记：你首先是自己，然后才是别人的爱人。

关系改造训练19

——提升女性自我关爱的能力

作为女人，你爱自己吗？你觉得自己值得拥有等价自己的东西吗？你曾做过让自己活得更好、更真实自在的事情吗？

你珍爱自己的方式是：（请勾选或具体写出）

1. 物质上

   ☐ 衣柜里会有虽然很贵，但还是觉得自己值得拥有的衣服；

   ☐ 人生中，有专门请设计师为自己设计过发型或穿衣方式；

   ☐ 拥有自己喜欢的化妆品，多少不重要；

   ☐ 拥有自己喜欢的品牌包包，哪怕只有1个；

   ☐ 偶尔也会去吃自己喜欢吃的大餐，尽管小有奢侈；

   ☐ 空下来时，会偶尔跑跑美容院、做做SPA；

   ☐ 其他_____。（请具体列出）

2. 精神上

   ☐ 如有不开心，会主动表达自己的心情，不委屈自己；

   ☐ 会在自己身上投资学习，开阔视野、提升品位；

   ☐ 会规划好自己的休息，不过多劳累，尤其经常熬夜；

   ☐ 会戒掉很多恶习，比如酗烟、酗酒、酗赌、药物依赖等；

   ☐ 会享受自己的娱乐爱好和人际，不因工作或生活失去自我；

   ☐ 其他_____。（请具体列出）

3. 女性情感认识里的六大误区

有人说，男人会用下半身思考女人，而女人却会用下半生思考男人，意思是说，女人一经爱上男人都是带着托付终身的心态来相处，也因为这些认识误区使得两人感情深受影响。

这里总结了女性情感认识里的六大误区，我们可以试着重新思考再评估，并努力做出调整。

第一条误区："我爱他，他也应该爱我！"

很多人很自然会说："我那么爱他，他也应该爱我呀！"

你爱他是一种权利，也给了你为他做事情的一种动力，但他爱不爱你，是他的自由；相应地，并没有给你控制他的权利，所以这是一个很典型的误区。

遗憾的是，很多人的感情就陷在这样一个恶性循环中——"我那么爱他，我为他做了那么多，他不应该爱我吗？"

对，你爱他，所以你也很希望他爱你，可以理解！

但，你爱他，他可以选择爱你，也可以选择不爱你；或者说他过去爱你，今天继续爱你，可能明天不爱你了！或许这的确让人有些难以接受，但这里肯定不是他理所当然一定也要永远爱你，顶多说他为自己的"薄情"受一些谴责。

进一步说，当你带着一种心念——"我爱他，他也应该爱我"的时候，你会因为爱他而做很多爱他的事情，与此同时你也会有更多的期待，期待很容易转化为失望，失望而转化成愤怒和怨恨，结果爱反而变成了一种伤害。

换种方式说，如果"我爱他，他也应该爱我"这句话是成立的，那某一天随便在大街上，有人看你很漂亮就走过来给你说：

"hi，我爱你，所以你必须嫁给我！"或许你会觉得很荒唐吧！

但，如果按照这个道理"我爱你，你就应该爱我"，不就应该是这样的结果嘛，因为我爱上了你呀。我只要爱着你，你就不准离开我；我只要爱着你，你永远不能跟我分手；我只要爱着你，你永远不能跟我离婚。真要是这样，恐怕天底下的感情要大乱了！

事实上，可能对方爱着你，你觉得对方不合适的时候，你也会选择分手。当你处在"我爱他，他也应该爱我"的想法中，用这种方式去控制他爱不爱你的自由的时候，他就会因为失去自由，反而会更加容易远离你。

第二条误区："我是为他好，所以他应该听我的！"

这个和"我爱他，他也应该爱我"有一些相似之处。爱只给了你为他做事的动力，并没有给你控制他的权力——因为他好，因为你爱他，你愿意！但他为什么要成为你的附属品一样，一定要听你的呢？

打着为别人好的方式让对方听你的，是你自己担心失控的巨大体现。

"你为他好"，你的付出是你自己的需要，而未必是他的需要，你觉得好的，他不一定觉得好。

另外，"你是为他好"，这句话本身就让他感觉到你是优于他、高于他的，也就是让他感受到一种挫败，他不如你，是把对方当成了你的私有财产，让对方按照你的做，从而剥夺了对方的选择权。

"我是为他好"，这句话本身并没有问题，但你附加了一个条件——他必须按你说的做，他应该听你的。

强加了这个条件之后，其实就是剥夺了对方的一种判断和权利。这个世界上本来就没有绝对的好和坏，凭什么你觉得为他好，就是真的为他好，就一定是好，就一定是他所需要的，他想过的生活呢？因此这种想法也是很大的误区。

第三条误区："我嫁给了他，所以他应该让我快乐！"

知道吗，很多父亲对女儿有一个"诅咒"，当然这个"诅咒"不是故意给的，就是在女儿出嫁的时候，父亲牵着女儿的手，把手递交给女婿的时候，说的一句话："我把女儿交给你了，你要让她幸福，她开不开心，全靠你了。"

无疑，这句话是潜意识中给男人的一种压力——他的女儿开不开心，活得好不好，全在于你。

这句话的恐怖之处在于，一个生活自主的女人，却要把终身幸福与否的命运交给这样一个男人了！

每个人都是一个独立的个体，拥有自己的认识，如果自己都做不到让自己快乐，凭什么要求别人让你快乐呢？

如果这句话改为"我嫁给了你，我希望你能给我快乐"，这没有问题，因为这只是一种希望，别人可能满足你的希望，也有可能让你失望。如果失望了，你会伤心，但不至于说你无法继续生活下去。但应该让你快乐，就太绝对化了。

我们只有让自己更加开心、快乐起来，成为一个独立的个体，不去完全依附于别人，才会真正地幸福。因为这种幸福是自己可以把控的，而不是别人幸福了，你才能幸福，别人让你幸福了，你才能幸福。

这里要提醒很多女性伙伴，不管是已经嫁人了还是没有嫁，都不要将所有的幸福寄托在一个男人身上。不是男人本身靠不靠得住的问题，而是谁也没有一种责任会担保你永远快乐。

如果大家的相处，你能让他感觉到快乐，他也会尽量让你感觉到快乐，如果你没让他感觉到快乐，他可以选择让你感觉快乐，也可以选择不让你快乐。这是他的选择，你无法强求，这才是合理的。

第四条误区："只要我尽了努力，我的婚姻就会成功！"

没有人能够单独承担婚姻美满与否的责任或义务，谁要认为那是自己单方面的一种责任，或者过于为此负责，那会为此牺牲很多，也很快会筋疲力尽。

一个筋疲力尽、都没有能力去照顾好自己的人，她的婚姻怎么可能会成功呢？显然，婚姻幸福与否，是需要两个人进行努力的！

现如今感情中最大的问题存在于：两个人是不是在共同进步！一方在不断追求进步，另一方却原地不动，甚至是在退步，那两个人想幸福的确是很困难的。

所以，并非说你尽了努力，你的婚姻就一定会好！当然，你可以通过努力去经营你的婚姻更好，这是没有问题的。但绝不是说只要你尽了力，你的婚姻就一定会成功。

带着这样的心念，如果有一天，你的婚姻遭遇危机了，你会觉得你的努力全部付诸东流，那个时候的你可能接受度会非常低，痛苦感非常强，完全成了无法接受的局面，所以这句"只要我尽了努力，我的婚姻就会成功！"，也是一个非常大的误区。

而这句话比较合理的说法是：

"为了让我的婚姻更成功，我会去做努力，也会很尽力。但尽力了，结果是不是如我意，那是不确定的。我很希望它一切顺利，但如果它没有像所期待的那样如意，我会有些难过，但也并非不可接受。"

第五条误区："既然爱我，就不应该和别的异性好，否则就是不忠。"

带着这种观点的爱，是有强烈的控制性的，是自私的。

也就是说，他爱了你，就不能和其他的异性接触了。如果遵循同样的道理，是不是说你既然爱了他，你也不能跟除他以外的其他异性接近？

不管是生活还是事业，哪怕只是一份工作，每个人都需要发展人际，而人际当中又不能和异性接触，真不能想象这是一种怎样的恐怖！况且，就算和异性接触了，接触的方式分成很多种，也未必就是不忠。

面对另一半与异性健康互动，经常以"不忠"产生冲突，可能是你内心安全感缺失的一种体现。

并且，当你总是带着这种心念与对方相处的时候，可能他反而更容易去和其他异性接触。因为他会觉得自己在和你相处的时候，你的这种紧密感会让其窒息，促使他急速地想逃离，反而更容易发生不忠的现象。

会不会当这真的发生的时候，他的不忠结果反就像验证了你当初的想法？

　　"看，我就知道你会对我不忠！"

所以，不要因为这种想法本身的存在，把对方"逼"到了这样一条"不忠"之路。

第六条误区："容忍能体现出我对他的好！"

爱情当中需要有相互的包容，在一定意义上说，一方容忍另一方，确实是对他好的一种体现。

但这里想说的是，大多数的容忍更多具有为自己好的成分，之所以选择容忍是怕失去对方、怕破坏掉和对方的关系。

毕竟过于容忍的过程也是失去自我的过程。你是以牺牲自己快乐为前提去对他好的，那这种容忍到底能到一个多大的程度呢？你会不会有忍无可忍的一天？

感情中，大家都支持相互地谦让。但谦让不是无条件的退让，过于的退让是一种懦弱的表现，是在用自己的牺牲来换一个勉强的感情关系；甚至这种退让常常造就了对方的得寸进尺，变本加厉，最后导致本来彼此深爱的两人局面更加糟糕。

所以，容忍并不是完全地体现出你对他的好。

仔细品读以上六条认识误区，或许在很多问题上，我们会像一个辩手一样，恨不得马上进行争辩这些所谓的误区是正确的。

暂且先不说它是误区，其实评估的标准很简单，就是当我们带着这种想法去生活的时候，会真的发自心底地开心吗？如果答案是否定的，都不能因此活得开心，那么争辩它是不是误区本身就不重要了，而重要的是我们要学会调整它和改变它。

关系改造训练20

——爱情心态调整卡片式训练

　　找到属于你的爱情误区，用卡片将其制作成正、反两面，放置钱包或口袋里，在接下去的两个月，每天至少阅读一遍。

正　　面	反　　面
"我爱他，他也应该爱我！"	我爱他，所以很希望他也爱我。但这只是我的希望，爱不爱我是他的选择；或者说他过去爱我，今天继续爱我，可能明天不爱我了！或许这的确让我有些难以接受，但不是他理所当然一定要永远爱我。
"我是为他好，所以他应该听我的！"	我为他好，是因为我爱他，这也是我的需要；但爱他并没有给我控制他的权利；他有他自己的权利和想过的生活，更不是我的附属品，所以也不一定要听我的。况且，我觉得对他好的，也未必是他所需要的。
"我嫁给了他，所以他应该让我快乐！"	嫁给了他，他能给我快乐。但这只是一种希望，他可能满足我的希望，也有可能让我失望。因为我是独立个体，快乐不快乐我不能完全依附于别人；如果他让我失望了，我会伤心，但不至于无法继续生活下去。
"只要我尽了努力，我的婚姻就会成功！"	为了让我的婚姻更成功，我会去做努力，也会很尽力。但尽力了，结果是不是如我意，那是不确定的。我很希望它一切顺利，但如果它没有像所期待的那样如意，我会有些难过，但也并非不可接受。
"既然爱我，就不应该和别的异性好，否则就是不忠。"	他爱我，所以我不太希望他和其他异性走得太近。但每个人都需要发展属于自己的人际，而人际中不是男人就是女人，完全不和异性接触本身就是不健康的表现；再者说，就算和异性接触了，接触的方式分成很多种，也未必就是不忠。
"容忍能体现出我对他的好！"	爱情需要有相互的包容，一方容忍另一方，确实是对他好的一种体现。但过于容忍了便是失去自我的表现；以牺牲自己快乐为前提去对他好，这种容忍是无法长久的，会换来更大的冲突；并且，这种容忍更多具有为自己好的成分，并不能体现出你对他的好。

4. 令男人无法抵挡的十大肢体语言（上）

一个女人，漂亮很重要，一份自信中带着妩媚的美会令很多男人欲罢不能。女人举手投足里本来就应该散发出这样的魅力，虽不刻意招蜂引蝶，但也会对男人吸引力增强。

传统观念里，爱的追求和表达都是男士主动，作为女性，直接用语言说出来，好像很不雅、很不含蓄，也因此失去了很多机会，不过这丝毫不影响我们可以用另外一种语言来散发这种信息——肢体语言和微动作。

其实你不用刻意，也一定会有各种各样的肢体和微动作，但如果我们经过学习有意使用的话，会把自己的魅力提升很多，也能化被动为主动，又不失含蓄。这里，我主要来谈谈女人需要知晓的、令男人无法抵挡的十大肢体语言信号。

仰面和抚弄头发

一个女人在男人面前甩动头发，这大概是在无数电影里都出现过的吸引男人御用的动作。

你也别嫌弃人家太做作，用甩头发的方式，或者说把头发绕在自己的手指上卷呀卷，摸呀摸，各种抚弄，虽然这些都是老梗，但男人一旦发现了，他就会觉得你非常可爱，非常性感。

将头微微抬起，仰面，然后把头发搭在肩膀上，或者是垂在身后，你轻轻去抚弄你的发丝，这种动作的心理信号是：你很在意自己在对方眼中是什么样一种形象。

在抚弄头发的时候，还会时不时露出你腋窝里传出性感的香水味，这是更加暧昧的信号。既然这是一种有吸引力的信号，这种动作本来就会自然地出现在你所喜欢的人面前，而且多半是无意出现。

当知道了这种信号是有吸引力的之后，我们就可以有意地在很多场合去运用。当然，也请你挑对使用的时机，别在男人对你没兴趣的时候去用，这会让你看起来有些莫名其妙，以为你是个犯花痴的人，甚至会引起别人的反感。

温湿的嘴唇

温湿的嘴唇，尤其是撅起嘴，微微张开的这种嘴唇，我们自然会感受到无尽的性感。一会儿轻咬嘴唇，一会儿抿嘴舔舌头，时而还配合着送点儿电眼，根本不用说太多话，这种肢体就说明你就是一个性感尤物，肯定让无数男人吃不消。

因为温湿的嘴唇很能凸显女性的魅力。从潜意识里说，女人受到性刺激，嘴唇、胸部、外阴部位等，会因为充血而显得饱满红润，而这种温湿的嘴唇恰恰就是你受到刺激的一种体现。也就是说，看到身边有吸引力的男人，你的女性魅力就会散发出来了。

既然这样的动作可以增强魅力，那反过来，我们做这种动作也是对对方有好感，产生吸引力很重要的方面。

尤其处在恋爱中的女性，看到喜欢的人，虽然你没有太主动地过去，但是看到对方之后，你抿嘴唇、舔舔嘴唇，或者撅撅小嘴，微微张开，那嘴巴还挺湿润的微微张开，就是在暗示他——我挺喜欢你，你可以来追我哦。这虽然不赤裸裸，但也会起到"勾引"的作用。

暴露手腕

你知道女性擦香水基本上会擦在哪里吗？对，除了耳朵后边，就数手腕位置最多了，因为这两个地方是人体暴露在外的身体部位当中，偏脆弱的部位，也是显示柔弱和娇嫩的部位，这里的肌肤比身体其他部位的肌肤要更加细腻光滑。

长久以来，手腕一直被认为是最能体现女性魅力的身体部位之一。有魅力的女性，在行走还有坐卧的时候，都很经常地向对方展示自己手腕的柔软性。而且在展露手腕的同时，还会在说话时将自己的手掌暴露在对方的视线之内，以此来表示自己是柔弱的、恭顺的，这是内在心理。

换句话说，假扮柔弱本身就是一种获取注意力的好方法，因为这样能够刺激男性的控制欲和能力感在体内迅速膨胀。所以在男人们眼中，拥有柔软手腕的女子，格外娇柔动人。

反过来，女性在向男性发送示好信号的时候，就会逐渐地将手腕内侧那些平滑柔软的肌肤暴露在对方面前，并且随着你对这个男子感兴趣程度的增加，你闪动和呈现手腕的次数也会增加。

当然，你不会傻愣愣地、特意地举着手腕给别人看，而是会在正好胳膊挎着包的时候，借机去展示这种动作。还有，对于一些抽烟的女性，这个动作做起来更容易，因为你抽烟的时候，通常两种拿法：一种是烟朝外，一种是烟朝内。你暴露手腕，将手掌的姿势朝外，就非常容易做出来。

整理内衣

这是女人非常讨厌的一件事，也是非常讨厌经常做的一个动作。作为女人，穿内衣的时候，内衣带子往往会成为女人的一种麻烦，因为它经常会给你带来不舒服，你经常会来扯一扯它，拉一拉它，不管是把它拉正，还是拉到自己最舒服的位置。

可是在女人有意或者无意做这一件事的时候，你的烦恼事儿却会吸引到

女人整理内衣

很多男人的眼球。即便他并不敢直勾勾地去看，但我敢保证，他一定能注意到，并能产生巨大的吸引力。

我问过很多男人，当一个女人有意无意地在他面前去扯内衣肩带的时候，在男人看来都是一件绝对性感的事情。所以女性多捞一捞内衣肩带，居然也能给自己带来无限吸引力。

关于这个方面，虽不建议大家刻意制造机会去引诱，这显得太猥琐了，但至少你也不用再因为自己内衣带太长而一定要闹心啦，甚至以后还会觉得经常要捞它是一件挺有意思的事儿。当然你也不要做得太明显。太明显了，要么是没有礼仪，要么是你没有形象，反而得不偿失。

自我抚摸

人的肢体的各种行为，都会有不由自主的时候，会暴露出你内心的欲望，自我抚摸就是非常典型的一种方式。

尤其是女人，比如你在听别人讲话的时候，期待着某种事情的时候，你往往会一边听一边抚摸自己的大腿，或脖颈，或咽喉，这可能是对你那一刻内心焦虑的一种安抚，是着急或者情不自禁的一种反应。

这里，我们可以想象一下，你很喜欢一个小狗小猫，你就会用手去安抚它，抚摸它的脖颈，甚至抚摸它柔顺的毛发，因为你喜欢它。所以抚摸安抚，是一种强烈的心理暗示，好感和欢欣。

那么一边跟你对话，一边在进行自我的抚摸，它的意思是说——也许你可以用同样的方式在我身上游走。这样说、这样想，可能有点肮脏，但它背后的潜意识含义，确实是这样一个含义。

所以女性伙伴们，你们可以留意一下，你在碰到自己心仪的男性，跟他对话的时候，你会情不自禁地去抚摸自己的一些肢体部位。因此反过来，当你想告知另外一个人，你对他有好感、有喜欢的时候，也可以一边看着他，一边刻意地去制造这样一些动作出来，那对方也会接收到你的一些信息，你就变成了高手。

5. 令男人无法抵挡的十大肢体语言（下）

"宽衣解带"

你别看到宽衣解带就想歪了，其实它的含义就是三个字：脱衣服。哈哈，你可能更加想歪了，我不是让你在别人面前脱脱脱。

这里我要先告诉你一种男人的心理现象，有时候因为天热，或者穿的衣服过多了，女性会把自己的外套脱下来，或者解开几粒纽扣，哪怕只是敞开领口。这个动作，女人你做起来无意，可是却会被身边的男人捕捉得淋漓尽致。虽然你不是脱光，甚至连再多脱一件的想法都没有，可是在男人的心里已经产生无限的遐想。

所以女人"宽衣解带"，我是说在公众或一个男人面前脱外套，解扣子，敞开领口……这些很稀松平常的事儿，实际上对男人却有着致命的诱惑。

那么女性以后参加聚会、做运动、集体活动时，你多穿一丢丢，在微微出汗小热的时候，你就可以脱脱脱。哇，看似一件很正常的事儿，却给你创造了无限的机会，这个时候我真想感慨：做女人真好！

膝盖的朝向

女人常常摆出这样一种姿势，将一条腿弯曲后压在另一条腿上。我印象比较深的是看《鲁豫有约》这个节目，鲁豫的小细腿就经常表现出这个动作，将一条腿弯曲后压在另一条腿上。大部分男人都认为，两腿合二为一是女人所有坐姿当中最性感的一种。

女人也常常会有意识地用这种姿势让对方注意到自己的双腿。记住，每当这个时候，你们那条弯曲了的腿的膝盖所指向的，往往就是那个让你最感兴趣的人。

举个例子，一次我参加一个晚上的party，其中一个朋友带着老婆过来的，挺年轻的，也很性感迷人的那种女人，穿着超短裙和丝袜。我朋友坐在他老婆旁边，她恰好做出这种腿部的动作，可膝盖却朝向另一边。

当时我就很好奇：为什么她会是这种坐姿？为什么很多的时间膝盖都朝向另一边的一个男性朋友？因为我的心理工作中另外一个重要领域是做肢体语言和微动作研究，工作的敏感性，当然也是好奇心驱使，我就开始花注意力去观察这个女人一会儿。

结果越来越多的微动作反映出，她的这种反应绝对不是偶然。也就是她的膝盖朝向另外一边的男性，这个反应，这不是偶然——我推断，她和那个不是她老公的男人关系非比寻常——要么是这个女人对他特别感兴趣，要么压根儿就是两个人已经有着某种关系。

果然，大概半个月后，我的这个朋友恰好打电话求助我，他说他老婆给自己戴了个绿帽子，特别受不了，特别痛苦。那个时候，我挺愧疚的。

所以，坐有坐相，不只是礼仪那么简单，也暴露出你的喜好与否，就看你怎么去发挥和运用了。

巧用手提包

女性手提包也是我们女人求爱的一种方式，知道吗？

绝大多数的男人都不知道女人的手提包里到底装了什么。女人的手提包属于私人物品的范畴，而女人对待手提包的方式，则让男人觉得手提包就好比是一种女性身体的象征性延伸。所以当女人将手提包愿意放在男人附近时，这个动作就代表了一个十分强烈的、表示亲密关系的信号，背后的潜台词是：你可以靠近我的身体。

当我们被某个男人所吸引的时候，也许会让对方拿起自己的手提包，递过来递过去。如果你还愿意让男人帮忙从自己的包里拿点什么，那……这个要掏进包里哦，如果不是足够亲近，你肯定不会让男人这么做。

鞋子的小动作

女性坐在椅子上的时候，将脚伸出鞋外，只用脚趾勾出鞋子，来回晃来晃去，这种晃动的动作，特别值得我们女人们注意，尤其是晃动的是高跟鞋。

因为，它既是暗示这时的我们心态比较放松，同时将脚不断地伸进鞋子里，再抽出来，这个动作，也有另一层更深度的含义，这个动作隐含了女性对男性生殖器官的一种崇拜……这来自精神分析大师弗洛伊德的观点，有强

高跟鞋的"勾"诱惑

烈的性暗示味道。

对圆柱形物体热情地抚摸

玩弄香烟，玩弄手指，玩弄玻璃杯的圆柱形杯脚，抚弄耳环或者其他圆柱形的物体，含义是极其强烈的。因为弗洛伊德精神分析领域里特别强调，圆柱形物品与男性的生殖器形状很相似。尤其是这些物品出现在女性手中的时候。如果这些玩弄的物品，可能是饮料瓶、麦克风之类的，就更不用提了。

这一系列的动作往往暗示的是，女性性位置内心想法外显的一种下意识行为。重复摘取，然后戴上戒指这个动作，也可以理解为这个行为者内心的想法，想表现出爱意的一种外在形式。

怪不得生活中，当男人看见女人做出以上这种动作时，他们很可能会做出另外一种象征性的行为，通过摆弄打火机，玩弄车钥匙，和任何他身边的物品，来表达想得到你的这种内心想法和欲望。

啊，女性伙伴们，要不抓住一切机会"摸"起来？唉，此招太猛，小心擦枪走火。

这里我总共分析了十种令男人无法抵挡的女性身体语言信号，你可以单独用，也可以打组合拳使用。但是切记，任何动作都不是唯一的含义，也不是适用在所有的时间和场合下的。用得好，可以帮你追到男人、维稳感情、维稳婚姻，增强你个人的魅力，但如果你对自己的相貌、身材等本身都特别没有信心的时候，建议还是先整理信心后，再谨慎使用。

第六篇

男争女斗

为什么你总是选错、爱错，互相伤害？怎么才能"吵"出好感情，造出好男人……

有些男人，我们果断离开，是对自己最好的爱！

1. 为什么你总是爱错人

什么人最容易爱错人

谈了几段感情，每一次的开始都是怦然心动，或至少彼此颇有好感；然而，随着你们越来越熟悉和亲密，爱的魔法开始消退，热烈后平淡、厌倦后挑剔、争执后冷漠；你越来越无法忍受对方逐渐暴露的缺点，对方也同样对你失去了当初的耐性，最后，你们不可避免地来到了分手的门前。

对于想要一份稳定而长久感情，却屡次无疾而终的人来说，这是不是很熟悉的场景？有时候故事会更戏剧化一些，比如爱了很久的人原来是渣男、绿茶婊，谈了几年的恋爱对方却迟迟不愿结婚，你心爱的他劈腿……你百思不得其解，为什么我总是爱错人？

记得曾经做过的一个案例，连续离了三次婚，却都是因为家暴，不禁让人思考，到底是她特别吸引有暴力的男人，还是男人一旦和她互动，总能把潜藏的暴力成分激发出来，我想至少两项兼而有之。

什么叫爱错人？我们似乎可以有两种理解：

第一种是：爱上了一个"错"的人。

第二种是：用"错"的方式去爱人。

你屡屡被一个"坏"人所吸引，这真的只是运气问题？遇人不淑一定是因为对方脾气差、性格烂、没责任心？感情破裂了对方负全责？这么想的确令人很解气，但这么看来对方何止是一个"错"的人，根本是一个"坏"的人。

或许你可以想一想，是我总是碰巧遇上"坏"人，还是我主动去挑选，这类人对自己特别有"吸引力"，有"特别"的吸引力，甚至制造了"坏"的人？

从社会心理学的角度来说，有常常爱错人经历的人，本身就可能有着某种执着的依恋类型，是对亲密关系有破坏性的。

人际关系专家认为成人有四种依恋类型：

第一种是安全型的人，这类人在感情上很容易接近他人。不会担心别人会苛刻对待自己，因而能积极快乐地寻求亲密、相互依赖的关系。

第二种是痴迷型的人，这类人希望在亲密关系中投入全部的感情，但经常发现他人并不乐意把关系发展到如自己期望的那般亲密，他们渴望亲密接触但害怕被拒绝。

第三种是恐惧型的人，这类人与他人发生亲密接触会感到不安。感情上她们渴望亲密关系，但很难完全相信或者依赖他人。

最后一种是疏离型，这类人即使没有亲密关系也能安心，对他们而言独立和自给自足更加重要，不喜欢依赖别人也不喜欢被别人依赖。

一般来说，总是爱错人的人往往属于痴迷型或恐惧型的依恋者。

怎么用对的方式去爱人

我们要怎么做，才能多爱对的，减少爱错人呢？

我们要学习丢弃择偶清单，放下"爱错人"的标准去爱人

不难发现，之所以我们会问为什么遇到的都是错的人，是因为我们给自己设了很多"对"的标准：长相、出身、谈吐、学历、金钱、职业、个性、品德、价值观等，于是每当对方出现与理想有偏差，我们就开始问自己，是不是爱错人了？是不是我们不合适？甚至匆忙地重新寻找对的人，筛选到最后就变成"没有人"。

事实上，有过真正爱上一个人的经验后，我们就知道当初设定的许多标

准就会全部失效，很爱一个人的时候，爱屋及乌到其他都不重要了，压根这些标准就变成了"爱错人"的必然标准。矮点，没关系啊，你会说浓缩的都是精华；学历不高，没关系啊，你会说学历又不能代表什么；金钱，没关系啊，你会说他是潜力股……

所以，爱对人的第一件事就是，打破自己的条条框框，放下苛刻的标准去迎接进入生命经验的人，把有没有爱对人，从简单的是非题变成开放式问答题。

接受对方的情感模式，自己内心的坑洞自我来填补

一个人的情感模式，是由自己成长的经历造就的。任何一方成长过程中被压抑的部分，未经处理的创伤，或是未被满足的爱与被爱的需要，都可能经过化妆，成为当前亲密关系的挑战和局限。

阿玛斯的坑洞理论认为，童年里缺失的部分会成为一个坑洞，也就是你已经失去联系并无法意识到的某个部分。当你感受不到太多爱时，你的内心会有一种空空洞洞的感觉，在日后与某人建立深刻关系时，会想通过更多的爱来填满这个洞。

当然，你可能会因为这个人爱你、欣赏你而感觉有价值；但很少有人能真正填满你所有的坑洞，因为只要对方有一点变化，或者说了某些让你不舒服的话，你就会感受到那些坑洞的存在。你感到愤怒和受伤，是因为内心的缺失又暴露了出来。

坑洞最需要去填补，你的痛苦、嫉妒、愤怒、怨恨、恐惧等负面情绪，是你自己的坑洞所造成的结果，只有自己不断地去觉察和体验，承认它们的存在，并把焦点放在自我的满足上，才不会事事指向于外，去抱怨你又爱错了人。

减少自己"钟摆"的幅度，打破"爱错人"的恶性循环

在爱情中，我们都想重温童年的美好，修正童年的错误。因此，在童年

中所经历的幸与不幸都将会在如今的爱情中有所呈现，缺失的部分拼命去补去获取，厌恶的部分过度去排斥。因此，爱情的命运就用两种方式来展现：一种是在两类截然不同的异性中摇摆；一种是不断地寻找同一类异性。

比如，一个小时候父爱缺失的人，对爱的渴求一般会强于常人，因此在感情中和男性亲密互动时也会特别在意对方的关爱，尤其是那种父爱般感觉的温暖。因此现实中可能吸引我们的多是成熟型男人，或看似很会关心人的男人。

然而，成熟或所谓的很会关心，并非是感情合适度的全部，甚至说两人可能根本不合适。爱情一旦错误，不管是不断地寻找同一类男人，还是因受挫再去寻觅截然不同的另一类男人，都是在不断地错误循环，而我们却更坚定地认为自己总是爱错人。

同时另一方面，因为内心缺失产生强烈爱的渴求，会让我们更注意也更在乎对方和我们的互动方式，经常会在验证对方爱不爱自己中苦恼着，并且因为害怕对方离开而做出不安全的行为表现，而这些最终制造了对方离开的理由。

所以对此比较正确的做法是，我们学会把种种的担心转变成："我做些什么，对方才会变成我希望的正确样子。"重要的事情多说一遍，"我该做些什么，我该做些什么，我该做些什么，对方才会越来越变成我爱对的人！"

最重要的方面，让自己先成为"对"的人

你究竟爱对了人，还是爱错了人，其实是一种当事人非常主观的感觉（如果你爱上的是一个"坏"人另当别论）。但我们倾向于把一段总体愉快，且成熟的爱情，称作是"对"的。那么什么叫成熟的爱情？

20世纪著名的心理学家弗罗姆说过："成熟的爱情，可以使人克服孤寂和与世隔绝感。但同时又使人保持对自己的忠诚，保持自己的完整性和独立

性。"也就是说，如果我们在和一个人的相处中，不再感到孤独，也并不感到束缚，它允许我们带着温暖去自由地做自己的话，那这个人一定错不了。

这样的爱，需要关系双方的彼此尊重，但前提是，只有当一个人获得自己的相对独立，不想去控制和利用别人，尊重才成为可能。如果双方能放弃理所当然的感觉，承认彼此的意见不合和控制对方的企图，就能跳出对错的框框，进入更深的对话。

所以，一个不断成长的自己，才会有最大的概率遇到对的人。

关系改造训练21

——感恩训练

即使亲密的人之间也要经常表达感恩。心理学研究发现，如果我们每天记下自己所感激的人/事/物，如感谢对方给予自己的各种帮助和认可，感激自己能健康快乐地活着等，会大大增加彼此感情和自己的快乐！

请坚持，每天写下前天的1件，昨天的1件，今天的2件感激感谢的人/事/物，并1周做一次总结。

前天，我很感激＿＿＿＿＿＿＿＿＿＿＿＿＿＿＿＿＿＿＿；

昨天，我很感激＿＿＿＿＿＿＿＿＿＿＿＿＿＿＿＿＿＿＿；

今天，我很感恩、感谢：1.＿＿＿＿＿＿＿＿＿＿＿＿＿＿；

2.＿＿＿＿＿＿＿＿＿＿＿＿＿＿。

2. 为什么越亲密越互相伤害

彼此深爱，更会互相折磨

不管多健康的身体，不可能没有过感冒发烧！同样，不管多好的感情，不可能完全没有冲突，区别是发的是高烧还是低烧，是偶尔发还是持续不断！吵架是人生的必修课，躲之不及，避之不掉。

吵架的折磨

因为人与人之间存在必然的各种差异，所以那些没有肌肤之亲、肉体关系的男女，相处时反倒更容易客观冷静，但是对于相处频繁，尤其有过亲密、彼此深爱的男女，却会特别容易伤害对方。

或许大家都很好奇，为什么越是亲密的人，越容易吵架呢？

因为亲密相近，属于两人之间的共同问题大幅增多，导致不一致性的话题也很多，我们逐渐走进了更多容易诱发矛盾的领域。

诸如，金钱、性爱、决策、平等性、时间安排、兴趣爱好、育儿、家务、价值观等各方面。

> 美国曾经做过一个调查研究，找了 100 对夫妇，给了每对夫妻两个本子，要求他们在未来 15 天内，分别记录他们每一次争吵，再把本子交回来。
> 结果发现，这 100 对夫妻在这十五天里发生了 748 次激烈探讨（肢体冲突不算在内）。根据本子里面的内容，提炼了争吵的数量和主题。多发的矛盾主题排名前三位的依次是：孩子问题、家务问题和交流问题，然后分别是休闲娱乐、工作、金钱、兴趣爱好。

因为亲密相近，彼此太看重和在乎对方，以致很容易把问题扩大化。

相对于亲密的人来说，人们往往对"别人"更有耐心，更不容易发情绪。因为我们都是假设"别人"是不了解自己的，要取得"别人"的了解和配合是需要充分沟通的。

但面对亲密的，彼此期待性会更高，耐心就很有限，因为我们认为他们应该是最了解最支持自己的，所以失望的概率也越大。期待度为100，哪怕得到的是99，都会失望；期待度为0，哪怕得到的是1，都会觉得赚到。

确实是越亲近的人会越容易相互理解和支持。但即使最亲近的人，也不能在所有的事情上都点对点地达成充分的理解，这是不现实的。况且，即便是自己也做不到时时都能理解和支持亲人的需要和想法。

但是，因为大家亲近，一旦碰到什么事情不顺利，我们第一反应常常是在想：

> "别人不理解我也就罢了，怎么连你也不了解我呢？""别人不懂得配合我支持我就罢了，怎么你也不懂得呢？"结果，越想就会越生气。

相对于不相干的人来说，面对亲近的人提出的要求和期望，更容易感受到高压力。

因为我们心里更在乎对方，所以不希望看到他们不开心。带着这种潜意识的预期，我们成功的愿望也更加迫切，事情一发生就会奋不顾身地投入进去，由此产生的压力也更大。因为我们心里的预设是，如果做不到就产生了让对方不开心的风险！

这些情绪或压力的积累，往往是一件件事情慢慢积累的，就像水瓶子积水一样慢慢地漫溢。单拿其中任何一件事情看，都不至于要死要活的，但当最后一根稻草压上去的时候，我们可能一下就爆发出来，这是压力的瞬间过度现象。

但在亲近的人看来，我们似乎就只是对当前的一件事情发火争吵，彼此就更加不理解相互的行为了。亲近的人不理解，会让深爱的人之间更难沟通，问题没有解决，反而越积越深，爆发越加频繁，恶性循环。

面对亲密相近的人，我们更容易存在随意性，进而实施情绪或压力的不适当释放。

关系近的人之间，是一个相对安全包容的环境。有些时候，我们在外面受了委屈承受了压力，没有办法宣泄出来，只好到家中进行释放。

对待亲近的人，大家会有些随意性，甚至是放肆性，就像孩子面对母亲，这本是很正常的一件事。但令人担忧的是，在压力下的我们，往往忘记了怎么好好说话。对着亲近的人，大声尽情地嘲讽、歪曲、夸大、贬低，宣泄变成了发泄，压力是释放了，给身边人的伤害却也形成了。当然，如果亲近的人面对此况对伤害进行反弹，大家之间的冲突就会愈演愈烈。

当我们面对亲近的人无法沟通时，跑出去找到其他人似乎都可以顺利进行，女人可以顺利和女人沟通，男人也可以顺利和男人沟通，不仅因为男女差异所致，也同非亲近的关系本身更容易沟通有关。

因此双方都认为问题不在自身，而在对方。这结果是，在男人看来，女人有点神经质，在女人看来，男人大概是不爱自己了。

其实也容易明白，如果亲密没有发展到一定程度，我们又怎么会因为挤牙膏的方式不对、马桶盖子没有盖好、忘了晾晒衣服等小事琐事而争吵起来呢？如果真是不够亲不够爱，大家也不会继续约会下去，不会结婚在一起，就更没有进一步变成亲人的可能了。

当然，老夫老妻相处，有的时候越来越不吵架了，一方面是大家性情愈发淡然，但相当重要的原因是，生活中的磨合久了，没那么多能引发矛盾的交集了；也有的夫妻活到老吵到老，可能因为他们本就是针尖对麦芒的人，争吵变成了彼此释放能量的一种方式，没找到更好的释放方式之前，不去打破这种平衡本身也是一种方法。

低质量的吵架，伤人害己

大多数男女日常生活里的吵架都是低质量的吵架。

有人疑问"吵架难道还有低质量和高质量之分吗?"

当然,那些为了吵架而吵架,重复来指责去,吵完没有任何建设性的改进和提升,下次照旧继续吵骂,不是低质量的吵架是什么!低质量的吵架才会一直攻击对方、推责任给对方,而从来不反省自己。

美国医学研究指出,夫妻吵架不仅会伤害彼此的感情,破坏关系,还会影响双方的身体健康。比起经常吵架的伴侣,较少吵架的双方身体更健康,寿命更长久;相反,伴侣吵架次数越多,他们的健康情况就越差,就是说幸福的感情也是长寿的关键因素。

幸福的婚姻中,夫妻共同做饭,一起用餐,还一起做户外活动,这样的夫妻压力较小,睡眠质量也会更好,还能督促伴侣戒掉恶习,即使遇到心情不好的时候,双方也更能理解彼此,更愿意互相支持。这有助于减缓健康状况的衰落。

当人们彼此发生争吵时,不仅怒气冲冲,没有好语气充满敌对性,而且为了迅速挫败对方,还没等数落完事情的原委,便又开始从一个人的道德和人品上去攻击对方。吵架吵到一定程度,人们争的不再是对错,更是为争一口气,进而升级成一场人格攻击战和人品保卫战。因为男人介意能力被否认,所以这对男人来说更加是噩梦!

尤其对于已经有了孩子的夫妻来说,吵架受影响最大的是孩子。

孩子是一个伟大的观察家,父母的情绪恶化和关系紧张,孩子都会敏感地看在眼里,至于说和不说,完全取决于孩子的个性、父母的教养方式和孩子的年龄。越是不说出来,越是深深印在内心深处。

孩子是一个非常差劲的翻译家,他们通常常会认为父母吵架是源于自己,自己不可爱、不够乖、不够好、不讨人喜欢等,是自己造成了父母的不快乐。

有些家长认为,不让孩子看见激烈的争吵,就能避免争吵对孩子造成的影响，所以往往会采取冷战。确实这样可能会少许好一点点，但这样也太小看孩子的感知能力了。

其实，不管多大的孩子，他们的感知能力通常都是非常强的，即使没有亲眼看见父母激烈的争吵，没有看到爸爸妈妈直接摔桌子砸板凳，但能够通过父母互不理睬、表情冷漠、分房睡、不愿共同完成一件原本应该一起完成的事情等这些细微的异样情况，注意到爸爸妈妈之间的感情出现了变化，留意到大人之间的冲突并没有得到解决。

心理学家曾经对孩子们对待父母争吵时产生的心理状态进行过研究，发现父母在合理争吵时，孩子虽然也会恐惧，但他们能够对这场争吵后面潜在的后果有一定的判断，由此而产生的焦虑感会相对较轻。

而父母冷战的时候，孩子能清楚地感知父母之间的气氛有异常，但不能判断事情的严重性"爸爸妈妈之间发生了什么事情""他们会离开对方吗?"……孩子会对无法判断和预知的事情感到深深的不安和焦虑。

关系改造训练22

——平息怒气训练

建议容易生气的伙伴可以每天练习1次，连续训练3周。

越亲密越冲突，越冲突越生气。那如何努力平息怒气，让自己冷静下来？

强迫自己做几个来回的深呼吸，深深地吸气，长长地呼气。

一边用鼻孔吸气，一边对自己说："吸气，我放松。"同时，配合着手和臂的向内收回；

一边用鼻子呼气，一边对自己说："呼气，我把怒气呼出去。"同时，配合着手和臂的向外伸展。

这样，心里很快就能恢复平静了。适用于怒气当头的时刻，也适用于经常容易生气的伙伴。

3. 如何吵一场有质量的架

读懂吵架背后的心理密语

吵架虽然负面影响多多，但也并非全是坏处，因为吵架首先说明两人已经出现了分歧，而且吵架也是负能量的宣泄过程，有排毒作用。吵架时虽然说的都是气话、狠话，但往往也是真话，能更好地让双方看到彼此的真实需要和心声。

所以，在吵架中如果你们能够听得懂背后的心理密语，不但不会太多破坏感情，反而可以促进和加深关系。高质量的吵架，越吵会越少，越吵会越小，双方或者至少有一个人能够做出积极的内省，最后关系越来越好。

吵架是外在的转移

吵架一般源于不满，背后往往充满生气和愤怒；但吵架有时也是一种转移，是为了做出某种掩饰而展现出来的行为。

你或他，有时看上去很愤怒，其实只是用生气来掩饰内心的悲伤、歉意、失望、恐惧和懊悔等；有时看上去外表咄咄逼人，其实只是虚张声势，以此来掩盖内心的胆怯和恐惧。

我们在感到内疚和害怕时，反而会下意识地放大嗓门，马上把过错推给对方，这是本能性因自我保护而为。别看吵架的时候剑拔弩张，谁都想显示自己的厉害，其实，表现得越是很厉害的人越自卑，声音越高越虚弱。

吵架是内在的呼喊

吵架是生气的行为表现形式，但生气往往只是一种表层的情绪，其实还有许多没有被辨识出来的情绪。在生气的外衣底下，包裹的其实是各式各样更深层的负向情绪，像是难过、失望、失落、害怕、挫折、担心、焦虑等，它们这么在我们的内心酝酿、搅和、冲撞，让人感到不舒服，当然会让我们失去理性的判断，做出争吵行为。

比如，当对方听不清楚自己说的话时，通常只需再说一次，让对方理解自己的想法就好了，这本不是什么值得吵架的事情。但是，对于重要的人无法听清楚自己讲的话时，常会很快地联想到是对方"不专心听我说话""不能够理解我"，乃至于得出可怕的结论："你不爱我。"所以便争吵开始，其实也在通过争吵寻求"你是爱我"的证据。

经过冷静后，如果问问自己："我到底在气什么？要通过吵架做什么？吵架真的可以达到我要的目的、满足我的需求吗？即便吵架可以满足我们的某些需求，是不是也让我们同时失去了什么？"

我们可能会发现，其实刚刚也没有必要发这么大的脾气。吵到双方无台阶可下，破坏了关系或气氛，最后还是需要鼓起勇气去为自己的行为解释或道歉，吵架可能才会有个终结，因为只有这样对方才"呼喊"成功——得到了部分的关注。

吵架是我们或对方在表达渴望，渴望关注、渴望身体的接触，反过来，我们也要透过吵架本身去识别内在的"呼喊"。

尤其女人，当我们要用侵略、攻击的行为来表达自己愤怒的时候，甚至都要发生身体冲突了，其实在提醒我们需要更多的关爱和注意，是爱不够。

吵架是对过往的引爆

心理学一致认为，引发争吵的直接原因虽归当下，但当下事件只是引爆点，约70%的原因是由于过往经历的积累，而今天导致吵架的事件只占30%，甚至更少因素。

人际关系的内在本质其实有两端，一端是"我安全、我信任，所以我平和、我接受、我理解、我包容"。另一端是"我不够安全，不够相信自己，所以我防御，因为我不愿意接受我不好"。

我之所以在某事发生时，会失去客观地忍不住发火，很多是目前的情形唤起了我们原有的经历，触发了过往某种受伤的感受。

如果我们是属于那种一贯地被父母批评多、责骂频繁、不自信的人，当听到对方说到自己的不好时，内心马上的信念是"我又挨批评了""我又犯错误了""他不喜欢我"。其实是我们自己过去负性经历被唤起所致。

所以，争吵不一定是因为他真的不好，也未必是对方真的对你不够好，只是因为对方引爆了你的雷区，又或者你点燃了对方的引线。

一个人非常愤怒的时候，表达的是他的一种力量感，或许是对方觉得自己忍得太久了，憋得太委屈了，有很多压抑在里面，所以现在用身体的强大、动作的凶狠、声音的高度来表达自己。吵架，只能说明两人之间需要沟通。

我们只有能够读懂吵架，读懂吵架背后的心理密语，两个人才会真正地默契。最糟糕的是，吵了半天架，原本想让对方懂的方面对方仍然不懂，想达到的目的一样没有达到，或者说即便实现也是建立在对方暂时妥协的基础上。长期来看无益，却还平添了吵架后的隔阂。

世界上真的没有吵赢的架，双方一定都会输掉，只是看谁输得更惨。

高质量的吵架，赢得关系

不委屈自己，不伤害别人

高质量的吵架第一准则就是"不委屈自己，不伤害别人！"

不委屈自己，是说当我们内心有负面情绪并受到影响了，将其释放出来减少自己受伤害很重要。释放是通过宣泄，用合理的方式向外倾倒，而不是发泄！宣泄和发泄的区别就是会不会造成对别人的伤害。发泄虽然也能让自己获得暂时的痛快，但因为伤害了关系，会换来更深层次的伤害。

不伤害别人，就是我们在表达出来的时候，不要只顾描述事件，指责对方，这样的表达只会让情绪更激烈，但却毫无释放。我们要学会描述自己内心的感受，并借此澄清感受背后的思想和行为。

比如，可以直接告诉对方：

> "我对你很生气，因为……"
>
> "有关于……我感觉到很委屈……"
>
> "对于……我感到很难过、很受伤……"
>
> "你做的……让我觉得很尴尬很羞愧"……

也就是说，把吵架中过往是指责对方的部分，转换成了表达自我。

比如，过去吵架时指责对方说："你总是这样，做什么事都只顾自己，完全不考虑我的感受，真是个自私自利的人。"

现在转换成了："我感到很失望，很难过，因为经常会觉得自己挺孤独，好像被你忽略了一样，多么希望你能在一些事情上能询问一下我的感受！"

如此，我们把指责对方换成陈述自己时，不仅能让对方更了解自己，也能让对方更有机会懂得照顾自己的情绪和需要。

表达必要的"道歉"和"感谢"

这里表达"道歉"和"感谢"，并不仅是为了礼貌本身，更是为了真诚！

因为吵架，所以就会有感受未满足或误解部分存在，这是值得每个人去致歉的。这种歉意不是一定要承认自己行为上有多少错误，而是去表达我们对这份未满足或误解部分的歉意。

这里仍然需要首先理解对方的感受，然后说明原因后说出抱歉！比如：

"我知道，当你听到我说你自私，你一定很生气，很委屈，甚至觉得莫名其妙，给你造成这种感觉我向你道歉！"

另外，在一场吵架中，双方虽然各不让步，但也一定都为对方做过妥协或承让，这是值得我们双方都去表达感谢的！这种感谢不一定是对方行为上做得多么正确，但至少是对对方用心和付出的一种回应。

这里需要我们能觉察自己的感受，然后说明原因后向对方说感谢！比如：

"对于这件事，我心里也很生气很恼火，所以骂了你，因为我那一刻突然感觉被你抛弃了一样！感谢你在这样的情况下还能心平气和地对我说话。"

"吵"清楚彼此的需求

高质量的吵架最核心的部分，就是在吵架中既要澄清对方的想法，也要清晰表达自己的意见，从而理清彼此的需要。

比如，对方说："我觉得你真的很自私。"

这时，通常我们会反击："那你呢？你又好到哪里去？"

从澄清的角度来说，就应该静下心来问一下对方："为什么你会这么觉得，是我做了什么事情让你感觉这样子吗？"这就是在澄清对方的想法。

如果对方提出的证据，自己觉得不合理，应该要勇敢讲出为什么觉得不合理的理由。清晰地表达彼此的想法和意见，两个人的争吵才有可能有焦点，不然，很容易为了吵架而吵架，吵不出什么结果。为了更好地理清彼此的需求，我们可以直接问对方：

"你希望我怎么做？我怎么做你才会满意些？"或者清晰地告诉对方，

"我要的是……我也希望你能……这样我会很满意。"

如果对方说："你每次都不会在意我的感受。"

那就可以直接回应："我要怎么做，你才会觉得我在意你的感受？"

如果对方说："我希望你能够常常关心关心我。"

需要继续具体澄清一下："你觉得我要具体比如做些什么，你才会觉得我对你的关心比较好，而没有忽略你的感受呢？"

万万不要以为这些问题很清楚，大家都心知肚明，不需要具体多问来澄清了，许多人的吵架出现纠缠不清的情况就是在些模棱两可的问题上。

吵架"三多三不要"

多倾听，不要轻易打断彼此。

吵架中更要学会多倾听对方。倾听既是表达尊重，又是想获取更多信息的唯一路径。

频频打断对方，很容易激起对方的怒气，要做有效的沟通就很困难了。双方都应该冷静地听完对方讲的话，然后，自己可以重述一遍给他听，问问他，自己对他的理解是不是正确。通常盛怒中的一方会因为另一半能准确理解到他的感受而平静下来。

当然，如果对方讲的内容很多很杂，可以请求他一次谈一个核心问题就好。

同样，如果对话中，对方一直打断自己，也可以直接告诉他："你现在一直在打断我，这样子我没有办法讲我的想法。""如果你想要再谈的话，你就不要再打断我。如果你不能够做到这点的话，那么我们就换个时间再谈。"这时我们一定要坚持自己的立场，直到对方能够做到不再打断。

多就事论事，不要扩散开来翻旧账。

在争吵的过程中，虽然女性的"性能"决定了女人爱延展话题，但也请尽量不要从当下话题转移开，甚至挖起过去的陈年旧账。这只会更激起双方的情绪，对于事情的解决一点帮助都没有，虽然"解决问题"是男人的模式，但毕竟不吵架是男女共同希望的。

不妨直接谈："好，我们一起来看看，以后如果再遇到类似今天的问题，我们要怎么应对？"

双方只需要多就事论事地谈怎么来处理类似的问题，看看双方可不可以接受？彼此需要对方怎么改变？把争论的重心从情绪的发泄转移到问题的解决。

多谈能改变的事情，不要执着于无法改变的事情。

我虽是无神论者，但美国神学家尼布尔的这几句祷文我却特别欣赏：

"愿上帝赐我平静，接受我无法改变的事情；

愿上帝赐我勇气，改变我能改变的事情；

愿上帝赐我智慧，让我能够分辨之！"

我们执着于不能改变的去强求和抱怨，会被人视为愤青或偏执，只让我们更痛苦；面对能够改变的事情，我们不敢做或拖沓着不做，会被人视为懦夫或懒散，必然因积压而焦虑不堪。真正智慧的我们，遇事会评估哪些是能改变的部分，哪些是自己不能改变的，能改变的部分我们带着勇气去改变，不能改变的部分我们平静地接受！

比如，当你被对方嫌弃身高不够高、身材不好或者赚的钱不够多……

建议你可以勇敢冷静地去回应："我知道，我的确是这样子，但是这就是我。谈论这个问题对我们并不会有帮助。所以，我们要不要谈一些我们之间可以改变的部分？"

当然，如果你是嫌弃对方的那位，建议你要想清楚，对方可能就是这样子，能够接受的话就接受这样的他；不能接受的话就你也可以选择早点离开他，勉强要对方做一些不可能达成的改变，只不过在增加彼此的挫败。

　　总之，人与人的亲密关系中，没有不吵架的。高质量的吵架会让彼此认清需求，并能相互谅解，感情更紧密。因此，如果两个人非要吵，请选择吵一场有质量的架。

关系改造训练23

——高质量吵架对话句式训练

为了不委屈自己，表达出负面情绪；不伤害别人，表达出观点、意见；同时，明晰自己的需求和未来解决的方向，从而吵出高质量的架。建议练习如下句式：

> 我感到（情绪词：伤心、难过、愤怒、内疚……），是因为（表述客观事实），我希望（描述具体行动的行动方向）。

"感到"后边紧跟情绪或感受性词汇，以表达经验到感受；"因为"后边表述出产生此等感受的客观或理性理由；"希望"后边描述自己的内心期待、渴望，或具体的行动方向。

> 比如，我感到很自责，是因为我当初原本无意伤害你，却还是让你因此受了伤，我希望这部分医药费能让我承担，以此来表达我对你的诚意。

4.“欣赏”是“造”好男人的最强大利器

“欣赏”是男人内心最大的呼唤

若不能彼此欣赏，拿什么用作爱的激励品；若不会欣赏，用什么“造”出好男人？

欣赏是对一个人的肯定、认同，也包括对一个人的积极关注！对于“能力”认可需要最大化满足的男人来讲，多用正向认同和欣赏，更是尤为重要。

中国人习惯批评和指责，不大会欣赏和鼓励，甚至我们好话反说、当头棒喝。然而，非但没有起到想要达到的效果，反而会刺激到对方的心灵，原本希望事如心愿，却反过来事与愿违。

大多数时候我们希望通过批评、责骂、命令达到的效果，完全可以用欣赏和鼓励的方式达到，并且每个男人身上本身也必然存在值得去认同和欣赏的东西。

比如我认识的一个女士，就特别善于使用“欣赏”这把神器。

去她家做客，只见到她一边给我们热情地倒着茶，一边说：“尝尝我先生从福建带回来的茶叶，他每次出远门，总是会记得给我带点小礼物，有时候是茶叶，有时候是丝巾。”一边说一边幸福地笑。

其实我们共同熟悉的伙伴都知道，并且很羡慕她老公对她的好，却很少有人看见她是如何“造”得这个好男人的。

有些人却是压根儿无视对方的优点，只会消极关注，没有发现积极正向的眼睛和能力，看不到对方的贤和才，或是看到了也不理解、不欣赏、不给予认同，对方一切所谓最好的一面，随着时光渐渐在自己面前化成了隐形。

　　婚姻中我们不但不能做男人的"差评师"，还应该要努力去做他的"啦啦队"，在他人生的每一个关键时刻，不吝华实的心灵词汇，懂得去欣赏和肯定，这本身就是造出好男人最强大的利器。

　　具有欣赏能力的人，总能以积极的态度看待对方，能对另一方的言语和行为的积极面、光明面或长处给予有选择的关注，他们相信对方是可以改变的，也很懂得利用自身的积极因素促使对方发生积极变化。

"欣赏"是怎样炼成的

　　欣赏并不是我们针对所有的事情，每时每刻都需要欣赏对方；也不是所有的时候，都需要用言语去欣赏；更不是毫无底线地溜须拍马。而是我们要发自肺腑地去欣赏，时机恰当了，哪怕一个眼神，一个微笑，一双拍拍肩膀的手都是能给对方带去支持和力量，让对方感受到被认可。

　　首先，当他确实有表现好的言行举止出现，或某方面的进步，或他的某种行为、某句话触动到了自己，记得该出口时就出口，千万不要吝啬欣赏，而且要走心，因为这是一种事实依据，有依据的赞扬会更加有根基。

　　其次，欣赏前最好进行必要的交流，很突然地去称赞他只会造成反效果，当事人可能会怀疑你动机不纯而防御。甚至，他还会反过来理解为，你是不是做了什么错事？

　　再次，欣赏要进行得及时，否则他享受赞扬的同时却起不到本身强化的作用。

　　这里，我给大家介绍一下欣赏他人的话语要点，主要为了让我们在欣赏交流时更有现实效果。

　　以他的名字或第二人称开头，描述自己所看到、听到的事情。

　　欣赏可以直接用一些表扬的词汇，比如"棒""好样的""好厉害"……

也可以是关注到对方的变化，或者描述并强调他做的事。

比如说"亲爱的，我看到你在我同事面前很懂得照顾我的面子，谢谢你"，此时无须再多说其他的话，这就是一种认同和称赞。

可以叫亲爱的，也可以呼唤你们之间的其他爱称，如果叫名字不习惯，用第二人称也行，比如"你如此努力，得到领导那么大的赏识，老婆真为你开心！"

看着他的眼睛，描述你内心的感受。

比如说："这令老婆我很开心""老婆感觉为你骄傲""我真的很感动"……

比如直接地表达情感，"我很想你！""我爱你！""和你在一起感觉特别开心！"

记住，无论是因为亲密，还是因为真诚，其中很重要的部分是，说这些话的时候一定要看着他的眼睛！

不吝欣赏的语言，直接正面反馈。

事实上，所有发自内心的正面反馈，都是最有效的欣赏表现，尤其是欣赏反馈的内容够具体、细化。这样的"有理有据"不但表明了欣赏的"真实性"，更表达了对对方的关注之心。

比如，"你真的很细心，记得上次一起出去的时候，你追上我把我身上的一根发丝捏下来！"

"你进步实在太快了，我们刚认识那会，你还完全不会操作这个东西呢！"

"你让我感觉很温暖，给你说话你总是那么懂我、理解我！"

在正面反馈的时候，或拥抱，或拉手，或捏捏手臂等，运用肢体的亲密

来加强效果。

可别小看这种小细节，肢体的互动会拉近你们的距离，增强和他的亲密感，把表扬欣赏带来的正面效果极速放大。

用发问的方式来替代直接表扬。

"真的吗？哇……哦，你再说一次……好不容易啊……"

"你怎么能够有办法、怎么想到这样做的……"

"你能帮我说说看你是怎么做成功的吗？"

用发问的方式鼓励他自己对自己的成就进行反思，也能让他对自己的行为有更加深刻的体会，更利于"好行为"的内化，而不只是从外界的肯定中获得认同的简单自我满足！

欣赏，是造好男人的最强大利器。用欣赏的眼光看男人，你就会发现他的优点越来越多，那些存于他身上对自己产生吸引的魅力，才能在日积月累的生活中仍然闪闪发光。

5. 这样的婚姻你真该离掉了

婚姻越来越像个"谜"

众所周知，近年来离婚人数连年增高。那么，大家是因为什么而离婚呢？

在网上看到有记者专门采访了100对离婚的小夫妻，询问她们的离婚理由，结果让人哭笑不得。

有星座惹的祸：金牛座天天乱扔臭袜子，我一个处女座气得肝儿都要炸了。

有各种花样出轨的：我怀孕的时候他竟然跟打游戏认识的网恋出轨了……

有被"直男癌"创伤的：只会说多喝热水，那我嫁个热水瓶得了呗？

有被月光族耗死的：老婆太会花钱，双11囤的货至今没用完。口红买了好几十支，还不断要钱买奢侈品。

有蜜月一结束就离婚的：度蜜月时婆婆、小姑子非要跟着一起去马尔代夫玩儿，老公天天忙着给她们拍照。梦想是办一场30人的小岛婚礼，结果回他家农村办了100桌流水席，闺蜜伴娘还被闹了。

有败给一地鸡毛的生活日常的：以为嫁给了爱情，却败给了进口奶粉和请不起的月嫂，养孩子真不像养蛙那么简单。

有被各种"妈宝男"和"作"婆婆逼上梁山的：张口闭口"我妈说"，连选哪款婚纱都要听他妈的！婆婆偷偷往牛奶里加香灰让我喝，说可以生男孩。

还有深度恐婚症的：不想像爸妈那样凑合过一辈子了。

……

离婚理由像是顶级钻石的切面一样，复杂多面，而婚姻，越来越像个"谜"。

离婚

在调查的所有的离婚原因中，"双方无法相互支持、共同成长"和"缺乏精神层面的交流与共鸣"都获得了过半的投票率，成了大家离开一段婚姻最重要的原因。这也恰恰体现了这个时代人们对于婚姻期待的变化——我们不仅仅在婚姻中寻找爱，也希望在婚姻中获得自我的成长，获得更多的东西。

不断有心理学家提出，我们对于婚姻、对于婚姻中另一半的期待，正在变得前所未有的"复杂"，我们希望婚姻中彼此能相爱相惜，也希望对方或者这段婚姻能够帮助双方成长为更好的自己，希望在婚姻中做到更真实的自己。

从某种意义上说，也可能正是由于对完美婚姻的渴望，一些人选择离开了原来"不够完美"的婚姻。

此外，很大一部分的人表示，选择离婚与一方或双方的原生家庭（双方父母长辈等）对新的"核心家庭"（小夫妻）的过度介入有关。比如，有被调查者在离婚原因中写道："我们的婚姻中参与的人太多，而我们都没有成长到有能力把他们请出去。"

还有许多人因为"性生活不和谐"而最终分道扬镳。

正如本书所描述的，这个时代的离婚，很大一部分并非由虐待或严重的冲突所致。逐年递增的离婚率，是更多的人在寻找自我和学习爱与被爱、尊重与责任的过程中，必然付出的成长代价。

有些婚姻你真的就该离

经常听很多人说："离婚之前看不到他的好，离婚之后却想不起他的坏！"这话里却反映出当下很多人的心态——不离反感，离了后悔，尤其对于冲动之下离掉的好婚姻。

那么，在什么情况下，我们应该选择放弃当下的婚姻呢？

没有相互尊重却充满谎言的婚姻。

一部电视剧里一个女主角给丈夫说：

"你知道我为什么能每天温柔地笑出来吗？你知道我为什么能够坚持每天毫无怨言地干家务和照顾孩子吗？你知道我为什么能够对这样的你从来都不抱怨，每天对你说一路小心吗？

发生什么事情，你总是一副高高在上的样子说'是我挣钱养家'，你看轻我是个只有脸好看的无聊女人，你知道为什么我能够一脸欢喜地给在外花天酒地的你熨西装的吗？因为我出轨了，因为外面有对我很温柔的人。"

这段话虽然很痛快，但却让人觉得很心酸。既然如此受苦，为何不干脆离婚，寻找更高品质的情感？

夫妻之间的亲密关系应建立在信任与尊重的基础之上，两个人哪怕只是平常的朋友，需要建立友好的关系，起码也要从相互信任、彼此尊重开始吧。

一段婚姻如果充满不尊重，彼此不断地给另一方带来伤害与难过，双方走向极端或者日渐精神萎靡，更别提彼此滋养了，这种折磨自己的婚姻最好果断放弃。

充满暴力或冷漠的婚姻。

网上曾经有这么一个故事：

一个29岁的女生，被父母以死相逼，和一个父母觉得很不错的男生认识不到一个月，就结婚了。但是这个"男生"之所以被认为"不错"，只是因为他有个北大的文凭，而她的爸爸一直遗憾他和女儿都没有考上北大，有了一个"北大女婿"，也就圆了他的梦。

可是这个北大毕业生，家境穷到揭不开锅。房子、酒席都是女方出资，但还被婆家嫌档次不高："我儿子是北大毕业的，你们高攀了。"

在婆婆的坚持下，她去千里之外的农村结婚，婚礼现场，婆婆让她挨个给全村人磕头，磕了十几个，她心里不是味，站起来跟新郎官说："我能歇歇吗？"他面无表情，忽然揪着她的头发往地上按，她想挣扎，忽然小腿被踢，头重重地砸在地上……

这成为她日后挨打的罪证——在婚礼上给他家出丑：所有人都看到了一个鼻青脸肿的新娘。

接下来的日子，可想而知，不到一个星期，她就再次挨打，只因为她加班晚，被男同事送到小区门口，男生恰巧看到，一顿嘴巴，把她打得嘴角出血。

婚姻她不想过下去了，妈妈哭着挽留，说："会变好的，夫妻没有隔夜仇，你要给他时间。"

结婚不到半年，她已经被打了十次，爸爸说："生个孩子吧，他会珍惜你，他这么优秀，你也要检讨你自己，如果你做得足够好，他会打你吗？"

然后她发现他出轨，她忍无可忍，想要离婚，一个酒瓶就扔过来。丈夫趁着酒劲儿像打死猪一样啪啪打她，任她哭喊尖叫，直到他打累了，昏昏睡去。她断了几根肋骨，脸肿得像猪头。然后她发现自己怀孕了。

医生问她有什么打算？她面无表情地说："流掉。"

然后回家收拾东西，走人，然后到法院起诉离婚。

她后来明白一件事：要感谢这个变态男人，如果他没有这么暴虐，而只是一个无趣的男人，也许她要过5年、10年以后才发现自己做了一件多么愚蠢的决定。

家庭暴力是不会在婚姻生活中主动消失的，它会像蛇一样纠缠你。离婚是终止没完没了的暴力的一种有力的方式。

当然，这里还包括另外一种看不见伤痕的家庭暴力——冷暴力，即"精神虐待"，不是通过现实中的肢体暴力，而是靠日复一日地对某一特定对象贬低、羞辱、嘲讽、排挤等，造成心理创伤。长期遭受家庭冷暴力的人，会感觉失去灵魂，仿佛行尸走肉。

法国一位作家将冷暴力称为"隐而不现却真实存在的暴力"，一针见血地指出，精神虐待其实是一种权力的展现，施虐者透过控制与摧毁受虐者的生活，满足他们自恋的欲望。

面对冷暴力，我们要记住把自己放在首位，别幻想能"打动"对你施虐的人。安安静静地离开，才是最好的选择。

没有稳定的物质基础，却仍不上进的男人。

我们期待在婚姻中获得爱与个人成长，同时也包括一些基础物质生活的保障。

在1850年以前，人们对于婚姻的期待，主要停留在基础的物质需求上，比如两个人的结合能够共享社会资源、实现衣食无忧、繁殖后代。在那个时期，爱与亲密是婚姻的附加奖赏，而不是主要目的。

现实中，即便是在当今社会，调查显示，仍有超过40%的人期待双方的结合能改善经济与物质生活。

在一部电影里有一句经典台词写得特别好，说："我们那个年代的人，对待婚姻就像冰箱，坏了就反复地修，总想着把冰箱修好。不像你们现在的年轻人，坏了就总想换掉。"

这句话，形象地道出了离婚的时代之变——人们似乎更不愿意仅仅为了维持"婚姻"这个形式本身而"将就"。你可以不富裕，可以没有足够的物质，但起码，我要看到你仍然会努力。

随着我们对婚姻的看法与期待的改变，婚姻的制度色彩正在日趋弱化。是否走进婚姻，是否离开婚姻，因为什么而走进或离开婚姻，这些都是你个人的选择。对于婚姻，你也可以拥有属于自己的选择，但同时，也请你明白，无论你选择了什么，它和人生中那些你曾以为会决定命运的选择一样，都并不会是你幸福与否的最终审判。

关系改造训练24

——爱情关系合适度测验

本测试从个人感受、价值观、理性基础等三个方面分析双方婚恋关系的适合程度，用来帮助广大伙伴了解自己与伴侣是否具备幸福婚姻的条件。

适用于处在恋爱或者婚姻阶段的成人用来了解自己与伴侣的适合程度，作为婚姻决策和感情问题分析的参考依据。（根据现实情况，回答"是""否"或"也许"）

1. 我真的爱这个人吗？

2. 我与他（她）在一起时是否快乐？

3. 我们一起做事（学习、工作、娱乐）时是否有乐趣？

4. 他（她）让我感到可靠吗？

5. 假如我病了，累了或感到忧虑时，他（她）能关心抚慰我吗？

6. 我从心里信任他（她）吗？

7. 他（她）是否有什么性格上的东西让我感到惶惶不安或令我不舒服？

8. 他（她）是否有我不喜欢的某些东西？

9. 他（她）是否向我隐藏了什么？

10. 我是否感到他（她）在爱我，但希望我有些地方要改一改？

11. 我之所以要选这个人是因为我觉得应如此选择？

12. 我觉得双方信仰一致是很重要的？

13. 我们父母双方的文化水平很一致？

14. 我们父母双方结婚结构（平等、父做主、母做主）一样？

15. 我们对赚钱和消费的看法是否一致？

16. 我们的娱乐方式是否一致？

17. 我们对读书、学习的看法是否一致？

18. 我们的工作态度和计划是否相似？

19. 我们在抚养、教育孩子方面看法是否接近？

20. 我们对性的态度是否相似？

21. 如果我与他（她）的信仰价值观不一样，是否能共同生活？

22. 与其他人相比，我是否更愿意和他（她）在一起？

23. 他（她）是否最喜欢和我在一起？

24. 如果他（她）病了，我能照料他（她）吗？

25. 如果他（她）疲倦了，我能帮助他（她）吗？

26. 如果他（她）情绪不好，我能安慰他（她）吗？

27. 如果他（她）依赖性强，我能接受吗？

28. 如果他（她）行为专横，我能接纳或控制吗？

29. 父母赞同我们的结合吗？

30. 他（她）是个负责任的人吗？

31. 大多数时候我们是否和谐相处？

32. 我们能否一起相互促进？

33. 我们能否妥善处理彼此间的分歧？

34. 他（她）能否遵守协议或信守诺言？

35. 我们能否很好地交流思想和感情？

36. 我们能否都愿意为爱情承担义务？

37. 我是否感到对方接受了我？

38. 我是否接受了对方真实的自我？

39. 我是否很了解对方？

40. 对方是否很了解我？

评分方法：

第1—11题："是"记3分，"也许"记2分，"否"记1分。

累加总分，26—33分，感觉良好；17—25分，感觉一般；11—16分，感觉不良。

第12—29题："是"记2分，"也许"是1分，"否"记0分。

累加总分，27—34分者，价值观很相近；18—26分者，价值观存在一定差异；0—17分者，价值观相距甚远。

第30—40题："是"记3分，"也许"记2分，"否"记1分。

累加总分，26—33分者，理性基础可靠；18—25分者，理性上比较犹豫；11—17分者，理性上拒绝这一结合。

40道题的总分：

80—100分，成功的爱情，应努力赢得它。

65—79分，有可能成功，但须加以调整。

50—64分，不合适的爱情，前途不佳。

49分以下，早日结束，快刀斩乱麻，当断不断，必留后患。

后记

爱商是亲和爱的幸福DNA

说起爱商大家或许还有点陌生，但现实中每一个人无时无刻不在感受它、使用它，并反过来影响它。我们会发现，人生中不管贫穷还是富有，不管成功还是失败，每个人感受幸福的时刻，都与爱紧密相连，或者是被爱时，或者是感觉温暖时，或者是对爱倾情付出时……

但凡生活于世，我们都离不开"亲"和"爱"的感情：亲人、亲情、亲密，爱人、爱情、爱己。每一个灵魂的背后，都需要一份爱、一份理解和一份陪伴来滋养，爱是幸福之根，力量之源！爱无能者，幸福没有根基，也自然无缘幸福！

爱商，即爱的能力商数（Love Quotient，缩写为LQ），是一个人了解爱本质的程度，以及恰当地接受爱、给予爱的能力指标。

爱商，是"亲"和"爱"的幸福DNA。

关于"**亲**"，是亲情、亲人、亲密等情感关系的处理能力。

关于"**爱**"，是爱情、爱人、爱己等情感关系的处理能力。

每一份真挚的情感都出自第一声："亲爱的！"所以爱商，又被昵称为"**亲爱的商**"！

在心理学意义上，一个内心匮乏却没有开悟，且又没有经过爱的疗愈和成长的人，会把爱变成与依赖、强求、占有、控制有关，某种程度上可以说是心灵的残疾，也较少可能会拥有幸福感！

生活中，这样的人会想尽一切办法去换得别人的爱，让别人瞧得起、看得上；事实上，却唯独自己最知道心底的隐痛，最不能瞧得起自己！所以，**提升爱商的过程就是探索自我和完善自我的过程。**

在这个过程中，爱成为一条通道，我们会通过对爱的感受、认知、行为等方面的调整和改变，来寻找个体内在的自己。在爱的冲动和体验中，经由自我觉察，意识到自己匮乏的部分，再经由心灵陪伴，完成对自我的独立：暂离对方，不会过分焦虑；失去对方，不会过分失落。

很肯定地说，低爱商的人最终需要提升的是与自己的关系。

新时代的今天，我们每一个人都必须明白，爱商不只局限在婚恋家庭上，爱商的高低也不仅关联在儿女情长、尊老爱幼之类的家事上。爱商，影响人类的情绪，决定大家的关系模式，影响我们的婚姻家庭，影响每一位伙伴的健康、事业，甚至命运……

提升爱商，我们更能快速绽放自我，追求生活真品质；提升爱商，我们更能做得高分伴侣，懂爱懂心更懂 Ta；提升爱商，我们更能提升亲子质量，亲密家庭更和谐；提升爱商，我们更能夯实健康根基，疏通情绪补足爱；提升爱商，我们更能释放事业潜能，还原更强大的自己！

爱商与智商、情商、财商，组成当代人追求品质的四大能力。如果说智商决定能力，情商决定人际，财商影响财富，那爱商便是人类生命品质的名片。注定，爱商是属于我们这个时代的最"亲爱的商"。

爱商开给女人的:"造"好男人"配"方

1. 问:不管是婚姻的相处挫败,还是作为大龄单身女性的烦恼,都感觉这个世界好男人好像绝种了,想问,好男人真的是"造"出来的,不是找出来的吗?

答:首先,能找到好男人当然更好,且不说找不找得到,即便找到了,"好的"从来都未必是最适合我们的。

其次,好的标准因人而异,更进一步说,"好不好"更多是符不符合我们心中的要求而已,努力让对方变得"更男人",才会你好、他好、大家好!

最重要的是,我们面对男人就像拥有一个电子产品,不知道怎么开机,不懂得从何下手操作,就谈不上怎么开启它的性能,发挥它的功能。所以,它优质也好,高大上也罢,你很难使用得很愉快,它在手里就是没用的废品,或者说,顶多是享受它的外在美。

同样,在面对男人的时候,我们也需要了解他的性能,知道怎么发挥他的功能。可以想象,如果我们能像研究电子产品一样去研究男人,那"使用"起来一定十分顺手。一旦学会了,并且花点时间熟练去操作,不管婚姻也好、恋爱也罢,搞定男人自然不在话下。

2. 问：说起来真的很气人，你说这社会要男人有什么用，家里苦活累活都是我一个人干，到头来他还在外边彩旗飘飘的，现在男人怎么都那么没有责任心啊？

答："能力"这种需求的满足，是男人的最大性能点所在，是男人倾其一生所追求的！但凡所有能让男人感觉好的，都是让他感觉有"能力"发挥的方面。

如果懂得去启动男性这样一个最基本的性能按钮，那么男人将会全面开启他整个的功能——为别人负责的功能，担当的功能，会越来越能干，越来越行，不管是在外边、在家里还是在卧室。相反，一个女人越是不需要他、不需要他的爱的时候，他几乎像在慢性死亡。

所以，到底是男人"没用"，女人才越来越"能干"；还是女人很"能干"，男人才越来越"没用"；又或者说是女人因为嫌弃男人不"能干"，男人才越来越没用呢？我想这一定是一个很有吸引力的恶性循环。那就是说，在一定程度上来说，有一部分女人是在亲手造就这样一个没用的男人？

3. 问：与男人交流真的很困难，我心情不好给他诉诉苦，他却偏偏一堆道理讲给我，我怎么那么倒霉，找了这么个不懂我的男人？

答：应该说，恐怕你只要嫁给男人，十有八九都和你现在的男人差不多。除非他读过本书，或学习过爱商。

男人都很渴望满足自己的能力，而发现问题、解决问题，是男人用来满足自己"能力"的一种最基本的方式。男人的大脑似乎被设定为了解决问题的模式，他以为"你找我，不就是为了让我为你解决无数个难题吗？""这不就是你自己烦恼的根源吗？解决了你就不烦了吗？我是在帮你呀！"在男人寻求答案中得到乐趣，得到一种成就感。

可他不知道女人去交流，更多是为了找人倾诉，只是为了进行交流。

4.问：我们家男人是不是不爱我了？最近总觉得他心事重重，问他他又说没事！明明看是心情很不好，却回到家就钻进书房一声不吭，沉默得让我害怕！

答：男人为了证明有能力，当男人遇到压力、遇到困难了，他却总是喜欢躲一边儿，闷声不响，不愿意交流。而当说话，或者做一些事时，会耗费掉大量的体力脑力，沉默则更能审时度势，并借机积累各种能量。

除非到了必须求助别人地步，否则男人不希望麻烦别人，他不告诉别人，就不至于让别人觉得自己搞不定，似乎是没有"能力"的体现；他会独自地一个人抱头冥思苦想，通过这种方式找到解决方案了，会证明是自己搞定的，有"能力"，这就是男人。

5.问：发现老公有了外遇，我整个人简直崩溃了！我逼着他与外边的女人分开，可是他却不念旧情，离我原来越远了！老师，这到底是怎么了？

答：因为男人亲密周期的存在，男人每隔一段时间需要寻找独立的空间静静地思考问题，同时也借这个时期去"逃离"自己的女人。当男性逃离的时候，如果有另外一个女人的存在——第三者，就使得男性在逃离原配时，正好在另外一个女人那里得到安慰、支持、理解。

当然，在"第三者"那里也同样会有情感周期，就是说也有对第三者的情感疏远期。所以面对婚外感情，没有外界因素干扰的前提下，男人多是会拖着，而两个之中，谁逼得紧，也就是谁一直盯着他，这个男人反而会更加想远离她。

所以，在这个时期我建议你先去释放自己的痛苦，等过了这个时期，恢复理性了之后，再去探讨怎么挽回这个男人，或者怎么样在不要这个男人的情况下去过好自己。

6. 问：从小就向往着自己是白雪公主，有一天碰到心目中的白马王子，走近完美的婚姻殿堂！可结婚了才发现，婚姻里柴米油盐酱醋茶，把美好消耗殆尽。想知道，这个世界上到底存在完美的爱情吗？

答：根据斯腾伯格的爱情三角形理论，激情就像爱情的发动机，亲密就像爱情的加油站，承诺就像爱情的保险单，均匀具备这三个基本要素的爱情堪称完美式爱情。

从这三个构成要素来看，要找到并享受真正的爱情并非易事。激情的吸引由外在美开始，如果一方只欣赏另一方的外在，那两人的关系还是比较肤浅的，而且激情也会随着新奇感等因素的减弱而不断下降。如果关系维护得好，亲密和承诺水平会随着时间逐渐提升，成为支持爱情长久的主要因素。但承诺是要经历过温暖和亲密之后，有了足够的交往时间才可靠。

任何期望永久的激情或永不受挫的亲密到头来都是会必然失望。婚姻关系的最好状态是双方共同负责，一起相互理解、巩固、维护共同关系。

7. 问：我和我男朋友谈恋爱已经三年了，三年来我一直很爱他，也觉得他真的很爱我。可最近他却提出和我分手，我怎么都想不明白，我那么爱他，他怎么不爱我了呢？

答：对，你爱他，所以你也很希望他爱你，可以理解！

但你爱他，他可以选择爱你，也可以选择不爱你；或者说他过去爱你，今天继续爱你，可能明天不爱你了！或许这的确让人有些难以接受，但这里肯定不是他理所当然一定也要永远爱你，顶多说他为自己的"薄情"受一些谴责。

换种方式说，如果"我爱他，他也应该爱我"这句话是成立的，那某一天随便在大街上，有人看你很漂亮就走过来给你说："hi，我爱你，所以你必须给我嫁给我！"或许你会觉得很荒唐吧！当你处在"我爱他，他也应该爱我"的想法中，用这种方式去控制他爱不爱你的自由的时候，他就会因为失去自由，反而会更加容易远离你。

8. 问：自从在一起的这些年里，我们不停地各种吵架，彼此伤害，痛苦不堪！有什么办法可以让我们减少争吵吗？

答：吵架虽然负面影响多多，但也并非全是坏处，因为吵架首先说明两人已经出现了分歧，而且吵架也是负能量的宣泄过程，有排毒作用。吵架时虽然说的都是气话、狠话，但往往也都是真话，能更好地让双方看到彼此的真实需要和心声。

所以，在吵架中如果你们能够听得懂背后的心理密语，不但不会太多破坏感情，反而可以促进和加深关系。高质量的吵架，越吵会越少，越吵会越小，双方或者至少有一个人能够做出积极的内省，最后关系越来越好。

高质量的吵架第一准则就是"不委屈自己，不伤害别人！"就是我们在表达出来的时候，不要只顾描述事件，指责对方，这样的表达只会让情绪更激烈，却毫无释放。我们要学会描述自己内心的感受，并借此澄清感受背后的思想和行为。

考虑篇幅限制，先简单选出以上几个经典问题给出回应，更多与怎么"操作使用"男人有关的问题，仔细翻阅本书，定能找到你期待的答案。

图书在版编目(CIP)数据

不是他不爱你,而是你不懂他 / 张华著. —上海:
学林出版社, 2019.3
(爱商系列丛书)
ISBN 978-7-5486-1475-3

Ⅰ.①不… Ⅱ.①张… Ⅲ.①男性—心理学—通俗读
物 Ⅳ.①B844·6-49

中国版本图书馆CIP数据核字(2019)第012767号

特约编辑　　刘　娴
责任编辑　　吴耀根
封面设计　　魏　来

不是他不爱你,而是你不懂他
张　华 著

出　　版　学林出版社
　　　　　(200235　上海钦州南路81号)
发　　行　上海人民出版社发行中心
　　　　　(200001　上海福建中路193号)
印　　刷　上海展强印刷有限公司
开　　本　710×1000　1/16
印　　张　12.75
字　　数　16万
版　　次　2019年3月第1版
印　　次　2019年3月第1次印刷
ISBN 978-7-5486-1475-3/G·557
定　　价　38.00元